KB162721

건축, 300년

건축, 300년

영감은 어디서 싹트고
도시에 어떻게 스며들었나

이상현 지음

효형출판

목차

필연적인 궁금증

저 건물은 도대체 뭐지?

어느 날엔가 강변도로를 따라 서쪽으로 갈 때 눈길을 끄는 건물이 나타났다. 생김새가 독특하다. 여느 고층 건물과 다르다. 층수로는 대략 30, 40층이니 여의도에 있는 다른 건물들과 다를 바 없다. 색은 짙은 회색빛이다. 색감도 마찬가지다. 크게 눈에 띄는 요소들을 갖춘 건 아니다. 강변도로를 빠르게 달리면서도 이 건물을 쳐다보지 않을 수 없게 하는 건, 역시나 생김새다. 묘하게 생긴 건물 몇 동이 서로 어울려 춤추는 듯하다.

쌩쌩 달리는 운전자의 시선을 한동안 붙잡아 둘 정도로 독특한 형태지만, 그게 뭐라고 단정 짓기 어렵다. 글을 쓰는 지금도 그 생김새를 묘사하기 위해 곰곰이 궁리하지만, 딱히 떠오르는 게 없다. 이 건물의 생김새를 어떻게 묘사하면 좋을까? 몇 달이 지나도 썩 마음에 드는 답을 찾지 못하겠다.

우리는 어떤 건물의 외관을 묘사할 때 대개 존재하는 형태와 비교한다. 이런 방법은 건물에 국한되는 건 아니다. 형상을 설명할 때 언제나 해당한다.

여기서 생각거리 두 가지가 떠오른다. '비슷하다'와 '널리 알려진 형상'이라는 것이다. 어느 무엇과 다른 무엇이 비슷하게 생겼다고 판단하는 것도 간단치 않은 일이다. 우리는 형상을 부분과 전체로 나누어 본다. 보고 있는 대상의 형태적 특징은 '부분과 전체의 윤곽'과 '부분들 간 위치 관계'에 따라 결정된다. 이 두 가지는 물체를 바라보는 방향과 물체까지의 거리에 따라 달라진다. 그러니 시선과 거리가 바뀌면 우리가 인식하는 대상의 형태도 바뀐다.

이해를 돕기 위해 가정을 하나 해 보겠다. 어느 건물을 보러 간다고 치자. 그러면 우리는 정해진 접근로를 따라 그 대상에 다가간다. 때에 따라 일반적으로 허용되지 않는 위치에서 건물 사진을 찍고 자랑하는 사람도 있지만, 특별한 예외로 취급해도 좋다. 그러니 접근 방향에 따라 형태의 윤곽과 위치 관계가 달라진다는 결론에 도달한다. 자, 그럼 두 가지 중 하나, '비슷하다'는 해결됐다. 이제부터는 '널리 알려진 형상'에 대해 더 자세히 이야기해 보겠다.

익숙한 형상은 물리적 실체를 지닌 물건일 수도, 머릿속에 있는 추상적 개념일 수도 있다. 실체로 존재하는 것은 사람이 만든 인공물 혹은 자연물이다.

어떤 건물을 묘사할 때 서울 남대문처럼 생긴 건물이라 하면 모두가 쉽게 알 수 있다. 동식물 중에서 예를 들자면 뱀을 꼽을 수 있다. 곡면 형태로 구불구불한 무언가를 설명할 때는 어김없이 등장한다.

실체를 지닌 물건 외에도 누구나 알고 있는 형상이 있다. 흔히 말하는 기하학적 형상이다. 직육면체·구·원기둥·피라미드 등이다. 어떤 건물의 형태를 묘사할 때 이런 기본적인 형태를 이용하는 게 일반적이다.

그런데 강변도로에서 보이는 특별한 형태는 이런 방법으로는 설명할 수 없다. 기존 형상 중에서 이와 닮았다고 할 만한 게 없다. 개념으로 이해할 만한 추상적인 형태를 떠올려도 마찬가지다. 형태를 설명할 수 없는 상태에서 도대체 무슨 건물인지 얘기해야 한다.

그렇다면 우선 그 건물의 이름을 들어 이야기를 시작하는 수밖에 없다. 이 건물 이름은 'IFC 서울'이다. 이름은 막 붙여도 된다. 이 형태와 상관있을 필요는 없다. 건물주 이름을 따도, 도로명 주소를 넣어도 된다. 어떤 방식으로든 명명하면 그 이름과 건물 자체가 임의적 관계에서 강제적 관계로 바뀐다. 아무렇게라도 이름을 붙이면 그 명칭대로 불러야 한다.

이 건물은 IFC 서울이라고 이름을 붙였기에 이제부터 IFC 서울이다. 이 건물을 본 적이 있는 사람은 IFC 서울이라고 하면 무엇을 가리키는지 알게 된다.

그럼 도대체 이 건물은 정체가 뭘까. 통상적인 방법으로는 형태를 설명하기 어렵다. 이미 그 건물을 본 적이 있는 사람들 간에는 IFC 서울이라고 하는 게 속 편하다. 하지만 형태를 묘사하는 방법이

강변북로와 올림픽대로는 서울에서 가장 통행량이 많은 도로다. 이 길을 지나는 누구도 위와 같은 풍경을 못 본 채 지나치기 어렵다. 빨간 동그라미로 표시된 곳이 IFC 서울이다.

전혀 없는 건 아니다. IFC 서울을 있는 그대로 설명할 수 있는 기존 형태는 없지만, 그래도 가장 비슷한 형태를 찾아서 이를 토대로 묘사할 수 있다.

외관 형태와 그나마 유사한 것을 찾자면 직육면체다. 땅바닥에 직사각형을, 그리고 그 직사각형을 중력 반대 방향으로 이동시켜 얻어지는 3차원 물체가 직육면체다. 직육면체 일부를 잘라내거나 찌그러뜨려 이 건물의 형태를 만들 수 있다. IFC 서울의 형태는 사실상 직육면체의 변형이다. 변형을 만드는 방법을 설명함으로써 형태를 설명할 수 있다.

이 세상에 존재하는 형태는 이름이 붙은 것과 아직 이름이 없는 것으로 나눌 수 있다. 건물의 형태도 마찬가지다. 하나는 이미 이름이 붙은 형태들을 이용해 설명할 수 있는 부류들이고, 다른 하나는 이름이 아직 없어 그걸 묘사하자면 제작 방법을 언급할 수밖에 없는 부류다. IFC 서울은 후자에 속한다.

근래 이 건물과 같은 형태들이 종종 눈에 띈다. 여기서 IFC 서울 같다는 말은 '이름이 붙어 있지 않은 형태'라는 의미다.

탄탄스토리하우스(현재 김태호 조형연구소)라는 이름으로 불리는 건물이 있다. 크게 보면 직육면체를 쌓아 올린 모양인데 자세히 보면 그렇게만 해서는 이해가 어렵다. 형태를 설명하기 위해서는 이름 붙은 기존 형태를 이용해 새로운 형태를 만드는 방식을 말해야 할 것 같다.

한번 그렇게 해 보자. 이 건물의 형태는 서너 개의 직육면체를 수평과 수직을 맞춰 쌓은 다음, 그중 위에 놓이는 직육면체 하나를 수평면상에서 살짝 회전시켜 얻을 수 있다. 건물을 구성하는 직육면체(박스)를 '삐뚤빼뚤하게 쌓는' 방식이다.

탄탄스토리하우스같이 직육면체를 회전시켜 얻는 형태와 달리

탄탄스토리하우스.

직육면체를 복잡하게 쌓아 놓은 경우도 종종 볼 수 있다. 기본적으로는 수직·수평 그리드에 맞춰 직육면체를 쌓아 만든 것이라고 설명할 수 있지만, 그것만으로는 좀 부족하다 싶은 경우도 종종 있다. 이럴 때는 직육면체를 쌓아 놓고 그중 일부를 빈(void) 공간으로 대체했다고 설명하는 게 효과적이다. 이건 직육면체 '예쁘게 쌓기'라고 불러도 좋다. 이런 류(類)의 전형적인 예로 '서교동 게스트하우스' 같은 건물을 꼽을 수 있다.

지금 나는 유달리 눈길을 끄는 건물들의 외관에 관해 얘기하고 있다. 잘 알려진 기존 형태와 비교하는 통상적인 방법으로는 설명

서교동의 게스트하우스.

할 수 없고, 만드는 방법을 꼭 언급해야 하는 건물들 말이다.

앞서 말한 건물을 만드는 방법은 크게 세 가지로 정리할 수 있다. 첫째, 직육면체를 쌓되 직육면체 자체에 변형을 가하는 방법이다. IFC 서울이 그렇다. 둘째, 직육면체 자체는 그대로 두고 개별 직육면체 간의 상대적 위치를 바꾸는 것이다. 탄탄스토리하우스가 그렇다. 셋째, 꽤 일반적인 방법에 가깝다. 직육면체를 쌓아 만든다. 그런데 여기에는 차이가 좀 있다. 건물을 구성하는 여러 직육면체 중 일부를 빈 공간으로 대신하는 방법이다.

앞선 두 건물의 사례는 직육면체 쌓는 방법을 달리해 특별한 형태를 만들어 낸 경우다. 그런데 이들 말고도 볼 때 "저건 뭐지?" 하는 호기심을 불러일으키는 건물이 있다. 곡면으로 된 건물이다. 곡면 중에는 원이나 타원 또는 쌍곡선처럼 이름이 있는 형태도 있다. 최근 눈에 자주 띄는 건물은 곡면인데, 알려진 명칭의 곡면을 사용하지 않는다. 이름 없는 곡면이다. 그래서 무어라 지칭할 수 없다.

DDP의 모양은 시점에 따라 달리 보인다. 이쯤에서 보면 DDP는 영락없는 '우주선'이다.

이런 곡면은, 특정 이름이 붙어서 그 건물이 무엇인지를 알게 되어도, 그 건물의 생김새를 떠올리는 데는 별 도움이 되지 않는다. 대표적인 예를 들자면 동대문 디자인 플라자(DDP)다.

DDP는 어떤 이름이 붙여진 기존 형태에 빗대어 설명할 수 없다. 우주선 같기도 하고 뱀처럼 보인다고도 할 수 있지만, 그건 부분적인 형태에 관한 관찰자의 인상에 불과하다. 그런 묘사로는 형태를 짐작하기 어렵다. 이 역시 만드는 방법으로 설명하는 게 더 적절하다. 형태를 재현한다는 점에서도 물론 더 효과적이다. 그런데 이 방법은 이해조차 쉽지 않다. 이 건물에 관해 얘기하면서 상세히 언급

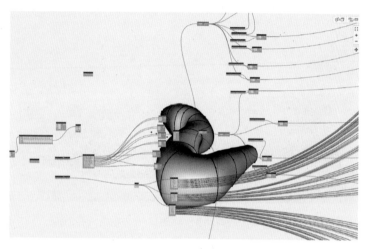

다이나모를 활용해 DDP 형상을 얻을 수 있다.

하겠지만, 간단히 말하자면 위 그림과 같다.

이 그림은 DDP의 형태를 만드는 방법을 '다이나모(Dynamo)'라는 방식으로 설명한 것이다. 이것을 글로 이해하자면 공부가 꽤 필요하다. 모두가 이걸 속속들이 알 필요는 없다. 뼈대만 얘기해 보겠다. DDP의 몸통을 구성하는 몇 개의 단면 형상을 만들고, 그것을 특정 경로를 따라 옮겨가면 원하는 형태를 얻을 수 있다. 직육면체를 변형해 만든 형태와 비교할 때 이 방식만의 독특한 특징은 대단히 많다. 그러나 여기서 강조하고자 하는 것은 하나다.

"컴퓨터 없이 이런 형태는 만들기 어렵다."

지금까지 얘기한 건물들은 "저건 뭐지?"라는 호기심을 불러일으킨다. 기존 방식으로는 형태를 설명할 수 없다는 공통된 특징이 있다. 일반적인 방법으로 설명할 수 없기에 궁금증을 일으킨다. 일단 보는 이의 관심을 끄는 데 성공한 듯싶다. 그다음 단계에서 최초의 호기심이 미적 감동으로 얼마만큼 이어질지는 모르겠지만.

호기심을 자극하는 이런 형태의 건물들에 관해 얘기해 보겠다. 건축 전문가들은 저런 독특한 형태를 보는 순간, 오래 생각하지 않아도 어떻게 만들어졌는지 대번에 파악할 수 있다. 파악하는 데 시간이 걸리는 부분은 '왜 저렇게 했는가'다. 어떤 이유로 저 형태를 고안했는지 이해하려면 설계자가 처한 특수한 상황을 우선 알아야 한다. 나는 본격적으로 우리 '눈에 잘 띄는' 이런 맥락에 관해 얘기해 보겠다.

네 건물을 끌어들인 까닭

아마도 이야기는 이렇게 전개될 것이다. "이 형태는 이래서 특별하다."라고 시작할 것이다. 형태의 특별함을 따로 설명해야 하니 좀 이상하다고 생각할 수 있다. 그렇다. 설명을 듣기 전에도 형태를 볼 수는 있지만, 설명을 들어야만 그 형태의 특이함을 깨닫는 경우가 종종 있다. 그리고 다시 보면 다르게 보인다.

커튼월(curtain wall)로 만든 건물이 있다고 하자. 어느 비평가가 이 건물은 특별하다고 얘기한다. 일반인이 보기에는 수많은 커튼월 건물 중 하나다. 그러면 비평가가 설명한다. 커튼월에 맺히는 주변 건물의 상을 보라고. 그제야 주변 건물이 보인다.

비평가가 설명을 이어간다. 여느 커튼월 건물과 달리 이 건물에 맺힌 주변 건물의 상에는 찌그러짐이 없다. 다행히 인근에 다른 커튼월 건물이 있고, 그 건물의 상이 찌그러진 것을 확인할 수 있다면 비평가의 말대로 이 건물이 특별한 게 분명하다. 여기까지는 비교될 만한 주변 건물을 찾아보는 정도의 부지런함이 있다면 굳이 비평가의 식견을 빌리지 않아도 알 수 있다. 그렇다면 비평가는 자신의 쓸모를 좀 더 적극적으로 알릴 필요가 있다. 비평가가 한 걸음 더 나아간다.

그는 커튼월에 맺히는 상이 찌그러지지 않게 공사하는 것이 얼마

보스톤의 존 핸콕 타워는 상이 왜곡되지 않고 맺히는 커튼월 건물로 유명하다. 왼쪽의 트리니티 교회 모습이 온전하게 건물 외피에 맺혀 있다.

나 어려운지 알려준다. 상이 찌그러지지 않으려면 커튼월을 구성하는 유리를 고정하는 창틀이 100분의 1밀리미터의 정밀도로 만들어져야 한다고 말한다. 그런데 이것만 들먹여서는 일반인이 감동하기 힘들 것이다.

"이 정도 정밀도를 지닌 창틀을 만들 수 있는 기술력을 갖춘 건설사는 세계적으로 손에 꼽습니다."

반드시 얘기해 줘야 한다. 고정밀 기술로 시공하는 게 얼마나 힘든지, 이를 설명하는 과정에서 건물 만드는 과정이 언급돼야 한다.

내가 하고자 하는 두 번째 얘기다. 그 형태가, 그 건물이 어떻게 만들어졌는지에 관한 설명이다. 100분의 1 정밀도로 만들면 상이 찌그러지지 않는다고 설명을 시작했는데, 왜 건물을 그렇게 만드느냐에 대한 답변으로 이어진다.

이게 세 번째 얘기다. 왜 그렇게 만들었는가. 결국, 앞의 네 가지 특별한 형상을 지닌 건물을 통해 하려는 얘기는 '왜 이 건물이 특별한지', '어떻게 만들었는지', '그리고 왜 그렇게 만들었는지'다.

이 이야기를 독자들에게 들려주는 게 무슨 가치가 있을까? 사실 이게 가장 큰 고민거리다. 어떤 이는 아는 만큼 보인다고 말한다. 알고 보면 모르고 볼 때보다 더 많은 걸 볼 수 있다고 하고, 그것에 일말의 의심도 하지 않는다. 과연 그럴까? 아는 만큼 더 보여서 항상 좋을까? 그렇지 않다. 미묘한 구석이 있다. 때로 모르고 볼 때가 나을 수 있다. 아는 만큼 보이니 알고 보라고 하는 사람은 이런 '때'를 구분할 줄 모르는 사람들이다.

잠깐 샛길로 빠지겠다. 비유를 들어 내가 하는 주장의 타당성을 뒷받침해 보자. 음식 얘기다. 음식은 모르고 먹어도 맛있지만 알고 먹으면 더 맛있다.

비빔밥을 예로 들어보자. 재료로 무엇이 들었는지 모르는 채로 먹어도 비빔밥은 맛있다. 그렇지만 누군가 맛을 표현하면서 '그 맛'을 느껴보라 하면 '그 맛'도 입안에 감돈다. 그 누군가의 설명이 없었다면 느끼지 못했을 맛이다. '그 맛'이 달콤 쌉싸름한 맛이라 해보자. 그 누군가 말해주기 전에 비빔밥을 한입 우물거리는 동안 달콤 쌉싸름함을 느끼지 못했을 것이다. 그런데 누군가의 말을 듣고는 '그 맛'을 느끼게 된다. '아는 만큼 보인다'는 말을, '아는 만큼 맛을 느끼게 된다'로 바꿔도 아무 문제가 없다.

이제부터 입과 혀와 목구멍이 '분석적'이 된다. 비빔밥에서 달콤 쌉싸름한 맛을 알려준 이의 구구절절한 설명이 없더라도 혀는 새로운 맛을 찾아 나선다. 이것이 달콤 쌉싸름한 맛보다 훨씬 의미가 있다. 그렇게 맛을 알려준 사람보다 훨씬 다양한 맛을 찾는 미식가가 되지 말라는 법이 있겠는가.

아울러 싫은 맛도 즐길 수 있게 된다. 이런 얘기를 할 때 가장 빈번하게 등장하는 예가 홍어다. 홍어의 맛은 즐길 줄 아는 사람이나 모르는 사람이나 비슷하게 느낀다. 톡 쏘는 맛이 있으며 썩은 냄새가 진동하는 음식이라는 것은 즐기든 즐기지 않든 누구나 안다. 홍어 맛에 눈뜨기 전, 그저 썩은 음식이라 생각했던 사람도 학습 과정을 거치면서 생각이 바뀌기도 한다.

음식을 예로, 하고 싶은 얘기를 정리해 보겠다. 음식은 그냥 먹는 것보다 알고 먹으면 더 좋다. 이유는 세 가지다. 첫째, 몰랐던 맛을 느낄 수 있다. 둘째, 몰랐던 맛을 적극적으로 찾게 된다. 셋째, 거북스런 맛도 알고 나면 구미가 당기는 맛으로 받아들일 수 있게 된다.

다시 건물로 돌아오자. 음식에서 경험한 과정을 그대로 건물에서도 겪을 수 있다. 첫째, 모르고 보면 무심코 지나쳤던 아름다움을 포착할 수 있게 된다. 예를 찾아보는 게 좋겠다. 멋진 종교 건축물을 거론할 때면 빠지지 않고 등장하는 서울 장충동 '경동교회'로 가보자.

근처를 지난다면 이 건물을 놓치기도 쉽지 않다. 주변 어디서나 잘 보인다. 우뚝 솟아있어 그렇기도 하지만 생김새가 범상치 않다. 누구나 한 번쯤 올려다보게 하는 특별한 생김새. 이는 굳이 설명하지 않더라도, 즉 경동교회에 대해 아는 것이 없더라도 본능적으로 느낄 수 있다.

알아야 참맛을 음미할 수 있는 것은 따로 있다. 교회 정문이 대로변이 아니라 뒤에 있다는 점이다. 왜 그랬을까? 교회 정문에 이르려면 계단으로 된 구부러지고 나지막한 오르막길을 오르는 수고를 더

경동교회.
특별한 설명 없이도 눈치챌 수 있는 형상이다. 그렇지 못하다면 이 말 한 마디로 족하다.
'두 손 모아 기도 드리는 모양'이라는.

해야 하는데.

경동교회의 멋을 알려면 사전 지식이 필요하다. 뭔가 알아야 할 것이 상당하다는 얘기다. 우선 종교 건축이라는 게 어떤 의식(ritual)을 가능하게 하는 공간 조성이라는 것, 즉 특별한 목적이 있다는 것을 알아야 한다.

종교 건축에서 추구해야 할 것은 바로 '성스러운 공간'이다. 성스러움이 뭐냐 물으면 답하기 쉽지 않다. 이럴 때는 반대로, 성스럽지 않다는 것을 먼저 꼽아보면 좀 쉽다. 성스럽지 않다는 것은 흔히 '속스럽다'고 말한다. 다시 말하자면 우리가 사는 일상이다. 결국, 성스럽다는 것을 설명한다면, 성스러운 것은 속스러운 것으로부터의 분리라고 할 수 있다.

교회의 구부러진 오르막길은 일상으로부터 분리를 위해 도입된 장치다. 성과 속을 분리하는 경험은 구부러졌다는 것과 오르막길이라는 점에 의해 효과적으로 강조된다. 구부러짐은 끝이 보이지 않는다는 의미다. 보이지 않는 너머로부터 느껴지는 존재감이 성스러운 공간으로 향한다는 느낌을 더해준다. 그렇다면 오르막길은 무슨 역할을 할까? 사람들은 경험적으로 귀한 것은 쉽게 얻을 수 없다고 알고 있다. 언덕길을 오르면서 들이는 수고가 귀한 것, 즉 성스러움을 얻기 위해 치르는 대가다. 이것을 알아야만 교회 정문에 다다르기 위해 들여야 하는 수고를 이해할 수 있다.

예배당 진입로.

지금까지는 경험적으로 포착할 수 있는 '사실'을 주장했다. 이
제 증거를 들어보자. 출발지에서 목적지에 도달하기까지 중간에 뭔
가를 끼워 넣고, 공간 성격이 다름을 강조하는 방식은 종교 건축물
에 흔히 쓰는 방법이다. 서양 중세 교회 평면의 발전사를 보면 분명
하게 나타난다. 처음에는 교회 건물만 달랑 서 있다가 시간이 흐르

성 베드로 대성당 앞 광장은 속스러운 것으로부터의 분리를 위해 만들어졌다.

면서 본당 건물 앞에 다른 경험을 선사하는 중간 공간이 끼어든다. 중정 형태의 광장이다. 대표적인 예가 바티칸의 '성 베드로 대성당(Basilica di San Pietro in Vaticano)' 광장이다. 이 광장은 대성당의 성스러움을 강조하기 위해, 속스러운 것으로부터의 분리를 시도하는 장치다.

경동교회의 구부러진 나지막한 오르막길이 성 베드로 대성당의 광장과 같은 기능을 한다는 걸 알게 되면 건물 뒤편에 숨어 있는 정문과 오르막길의 존재 이유에 고개를 끄덕이게 된다. 한마디로, 더 잘 감상할 수 있게 된다.

이제 음식을 알고 먹으면 좋은, 두 번째 이유로 가 보자. 구부러진 오르막길이 성스러움을 강조하기 위한 장치란 것을 알게 되면 올라가는 오르막길 오른편 담장에도 시선이 갈 것이다. 벽감(alcove)이라고 부르는 오목하게 패인 작은 공간이 오르막길을 따라 설치돼 있다. 거기도 '의도가 있지 않을까?' 하는 호기심이 발동한다.

벽감에는 다양한 벽화가 담겨 있다. 벽감과 이 벽화들의 역할은 무엇일까? 의미를 알고 싶은데 파악이 잘 안 되면 대상이 부재할 때와 비교해 보자. 벽감과 벽화가 없는 오르막길과 지금의 모습, 그리고 그 앞을 지나는 행인을 떠올리자. 벽감이 없다면 지나가는 이

벽감에 담긴 벽화.

는 별 생각 없이 그 앞을 빠르게 지날 것이다. 그러나 벽화에 서사
가 담겼다면 행인은 그걸 확인하느라 짧지 않은 시간을 보낼 것이
다. 그냥 짧게 스쳐 갈 것이 이십 분이 될 수 있다. 출발지에서 목적
지에 도달하는 시간이 늘었다. 이게 무슨 효과를 가져오는가? 이는
속스러운 세상으로부터 한층 멀어졌다는 의미다. 다시 말해 성스러
운 세상으로 좀 더 깊숙이 들어와 있다는 얘기다. 음식을 알고 먹으
면 찾게 되는 두 번째 즐거움, 즉 몰랐던 맛을 스스로 찾아가는 행
위와 비슷한 것이 여기서도 나타난다.

　이제 세 번째 즐거움으로 가 보자. 세 번째 즐거움은, 예배당 내
부로 들어서는 순간 다가온다. 흔히 보는 교회의 내부와 매우 다르

생경한 모습의 예배당.

다. 건축에 대해 잘 모르는 사람이라면 짓다 만 듯한 느낌을 받을
것이다. 콘크리트 구조체가 그대로 노출돼 있다. 콘크리트 벽도 온
전히 드러나 있다. 노출된 콘크리트에 아무런 치장도 덧발라져 있
지 않다. 보통은 노출된 콘크리트를 무슨 수를 써서라도 감추었을
것이고 그때 흔히 장식을 쓴다. 장식은 노출 콘크리트를 감싸면서
예배당 내부를 화려하고 엄숙하게 만들어 줄 것이다. 그러나 생경
한 모습으로 드러난 노출 콘크리트는 경동교회 예배당을 우리가 아
는 전통적인 예배당과 다르게 만든다. 첫인상은 '어울리지 않는다'
라는 느낌이다. 마치 처음 먹어본 고수의 맛처럼.

딱히 쾌적해 보이지도 않는다. 뭔가 잘못된 설계라는 생각이 들 수 있다. 하지만 이 모든 '마땅치 않음'은 경동교회가 어떤 교회인지 알게 되면 봄날 눈 녹듯 사라진다.

지금의 형태로 다시 지을 당시 이 교회는 교단에서 진보적인 그룹에 속해 있었다. 당시 기독교는 역사 속에서 무슨 역할을 해야 하는지 고민했다. 아직도 완성하지 못한 정의 실현을 위해 많은 시도를 했다. 이 점을 고려하면 예배당 내부가 장식으로 잘 치장되기보다 단순하고 소박하게 꾸며진 게 어울린다는 생각이 들 것이다. 일단 낯설지만 눈에 익고 나면 그때부터 나름의 멋이 느껴진다. 카타콤(Catacombs) 내부 같은 분위기면서 초기 기독교의 순수함이 느껴진다. 역시 화려한 장식보다 경동교회 예배당 내부 같은 단순함이 더 적격이다. 경동교회의 모태 공간은 이런 방식으로 '빈자의 미학'을 품고 있다. 이제 고수는 더 이상 고역스러운 맛이 아니다. 고수의 맛을 즐길 수 있다. 짓다 만 건물이 매력적인 모습으로 바뀐다.

카타콤.

알고 먹으면 더 맛

있게 먹을 수 있는 음식처럼 건물도 알고 보면 멋을 한층 더 느낄 수 있다. 그렇다면 요즘 우리 눈에 자꾸 들어오는 색다른 형태를 한 건물에 대한 설명도 의미 있을 터. 그저 괴상한 모양이라는 편견 섞인 시선이 좀처럼 달라지기 어렵겠지만, 나름의 멋을 찾을 수도 있지 않을까. 하지만 그게 다일까? 그저 알면 알수록 좋은 것일까?

　이번엔 음식이 아니라 마술쇼다. 이곳에서는 상식으로는 도저히 설명할 수 없는 일들이 벌어진다. 보이는 모든 것이 관객의 상상력을 많이 뛰어넘을수록 더 큰 스릴을 준다. 이런 마술쇼에도 음식에 적용했던 주장이 통할까? 아는 만큼 보여서 더욱 '잘 즐길 수 있다'라는 주장 말이다. 마술쇼에서는 어림도 없다. 마술쇼에서는 아는 만큼 재미가 없다. 마술이 감동적이려면 뭔가를 몰라야 한다. 관객이 아무리 애를 써도 알 수 없는 비밀스러운 과정을 통해 예상하기 어려운 결과가 '짠' 하고 등장해야 한다.

　그렇다면 건축은 음식에 더 가까운가? 아니면 마술쇼에 더 가까운가? 이 질문은 이렇게 바꾸어도 된다. 건축은 알면 알수록 더 좋은 것인가? 모르면 모를수록 더 좋은가? 건축은 사실 음식이라기보다는 마술쇼에 가깝다. 알면 알수록 '안 좋다'. 알면 알수록 더 많은 것이 보인다고 주장하는 사람들, 뭘 모르고 하는 소리다.

　건축에서 알면 알수록 좋다고 하는 소리는 건축을 '감상'할 때 주로 해당하는 얘기다. 관광지를 찾아가 누구나 다 대단하다고 하는 건물을 음미할 때, 그때는 뭘 좀 알아야 보인다. 오랜 시간 한 공간에서 지내면 어렵지 않게 알 수 있는 것도 잠시 둘러보는 관광객이 알아챌 수 있기를 기대하는 건 욕심이다. 그래서 관광객들은 미리 공부한다. 상세히 설명해 놓은 책이나 동영상을 보고 간다. 가서는 예습한 것을 확인한다. 그러면서 "정말 그렇구나!"라며 감탄한다. 이건 건물을 감상할 때나 어울린다. 건물은 애초에 감상하라고 만들어 놓은 것이 아니다. 건물은 쓰라고 지어 놓은 것이다.

다시 한번 요약해 보자. 아는 만큼 보인다는 얘기는 감상할 때나 맞는 소리다. 그런데 건물의 존재 이유는 감상이 아니다. 아는 만큼 보인다는 주장은, 건물을 본연의 존재가 아닌 감상 대상으로만 본 후에나 맞는 얘기다.

많은 사람이 잘 알 만한 이야기 하나를 해보겠다. 어느 도시에 성심을 다해 기도하면 신에게 향하는 문이 열리는 신전이 있었다. 깨끗한 물을 떠 올리며 기도를 열심히 하면 어느 순간 육중한 돌문이 스르르 열린다. 누군가가 문을 여는 게 아니다. 그저 돌이 사람의 정성에 감복해, 스스로 위치를 바꾼 것이다. 기적과 같은 신비로운 일이다.

기도한 사람은 자신의 기도 행위에 만족한다. 기도의 힘이 육중한 돌이 스스로 열리게 한 것 아닌가. 신전을 나선 기도자는 신이 자신의 호소를 들어 주실 것을 믿어 의심치 않는다. 열심히 신께 기도하면 스스로 열리는 문은, 신전이 신전일 수 있게 한다.

이런 육중한 돌문이 저절로 열린다면 누구나 신이 자신의 기도를 들으셨다고 생각할 것이다.

기도에 반응하는 돌이 정말 존재할 수 있는가?

중력에 의해 미끄러지면서 열리는 육중한 문을 상상하자. 이건 얼마든지 만들 수 있다. 열린 문을 잠깐 붙잡아 두는 장치를 고안할 필요가 있다. 잠시 괴어 둔다고 하자. 쐐기 같은 것을 떠올리면 좋다.

손을 모아 앞으로 내미는 행위를 기도라고 한다. 전 세계적으로, 그리고 어느 시대에나 비슷하다. 그런데 이것만으로는 부족하다. 깨끗한 물을 커다란 돌 쟁반 위에 떠 올리는 행위를 더한다. 그리고 이 물은 시간이 흐르면 아래로 스며 사라진다. 그러면 또다시 물을 길어 올린다.

이쯤 되면 감이 오지 않는가. 문을 고정하는 쐐기를 소금으로 만들면 된다. 그러면 기도자가 올려둔 물이 소금 쐐기를 서서히 녹인다. 일정한 시간이 흐르면 소금 쐐기는 녹아 사라질 것이고, 중력에 저항하는 힘이 사라지면서 문이 스르르 열린다.

모든 사람에게 똑같은 시간이 흐르고 문이 열리면 의심 사기 좋다. 시간에 차이가 좀 있어야 한다. 쐐기 크기를 다르게 하면 된다. 신전 관리를 담당한 신관은 기도자를 슬쩍 보고 어느 정도 시간만큼 애타게 하면 좋겠다고 판단한다. 저 사람은 성미가 급하니 짧은 시간에 문이 열리게 하고, 어떤 이는 자학하듯 기도하는 사람이니 아주 긴 시간이 걸리게 한다. 소금 쐐기의 크기를 살짝 조정하는 것만으로도 기도자에게 그만의 신을 만나게 해줄 수 있다.

건축을 감상한다 치면, 전문가라는 사람들이 이 장치에 대해 설명할 것이다. 그러면 사람은 "아하, 그렇구나." 할 것이고, 신전을 방문해서 장치가 의도대로 작동하는 것을 보면서 즐거워할 것이다. 감상은 제대로 됐다. 하지만 그 신전은 이제 문을 닫아야 한다.

건축은 음식인가, 마술쇼인가

건축은 감상이라는 측면에서 보면 음식에 가깝고, 실제 사용 측면에서 보자면 마술쇼이기도 하다. 근래 우리 눈에 자주 들어오는 독특한 형태들에 관한 부연은 맛깔나는 감상을 가능하게 하지만, 건축의 기능을 등한시하게 한다.

내가 건축물에 대해 왈가왈부하는 건, 우선은 건물을 감상의 수준으로 타락시킨다고 비판받을 만한 일이다. 어찌 생각하면 건축물 설명은 하면 안 될 것 같다. 내가 그 부적절함을 알았으니 문제다. 몰랐다면 그냥 "요런 거 몰랐지?"라고 잘난 체해가며 떠들어댈 텐데, 이제 그럴 수 없다. 내가 하는 짓이 뭔지 알고 모르고의 차이다. 그럼에도 건축물에 관해 설명한다면 뭔가 그럴듯한 논리가 필요하다. 작품과 이용자 사이에 끼어들어 몇 마디 거들 기회를 가질 변명 말이다.

작품에 설명을 더하고 때로 평을 하는 것을 '비평'이라고 한다. 비평이라는 것은 언제부터 시작됐을까? 가장 오래전 시도한 비평이 어땠는지, 그때의 '짧은 진술'부터 시작하면 된다. 이때가 작품과 이용자 사이에 괴리가 생기기 시작한 순간이었을 것이다.

이제 그 시점을 살펴보자. 유럽에서 조상의 찬란한 활동을 그림으로 남겨 두고두고 자랑하는 일이 유행한 적이 있었다. 역사화(history painting)의 유행이다. 이런 역사화는 그 훌륭한 조상의 후손이 그리지 않는다. 화가에게 시킨다. 르네상스를 이끈 피렌체의 메디치가도 그랬다. 메디치가의 역사화인 〈동방박사의 행렬(Procession of the Magi)〉(1459)을 살펴보자. 예수 탄생을 축복하기 위해 길을 떠나는 세 동방박사와 동방교회 대주교 주세페(Giuseppe), 동로마 제국 황제 요하네스 8세 팔라이올로구스(Johannes Ⅷ Palaeologus)와 함께 메디치 가문의 로렌초 데 메디치(Lorenzo de Medici)를 떡하니 그려 넣었다. 그림을 선전 도구로 이용한 것이다. 메디치가는 단숨에 총 대주교, 그리고 황제 반열에 올랐다.

로렌초 데 메디치 뒤를 따르는 무리를 자세히 볼 필요가 있다. 피렌체의 인문학자는 물론 비잔틴 학자들도 섞여 있다. 메디치 일가가 당대 학문을 이끄는 모양새다.

그림을 그린 화가는 베노초 고촐리(Benozzo Gozzoli)다. 화가 자신이 동방박사 3인 곁에 로렌초 데 메디치를 끼워 넣자고 주장했을 리 없다. 로렌초 데 메디치의 수행원으로 당대 인문학자를 뒤따르게 하자는 것도 메디치가의 주문이었을 것이다.

이 사례를 분석해 보자. 우선 작품의 생산자와 이용자가 분리돼 있다. 그래서 둘 사이에 생산과 이용이라는 기능 외에 제3의 역할이 끼어들 여지가 생겼다. 생산자와 이용자의 연결이다. 하지만 생산된 작품을 놓고 그림을 요청한 이용자에게 또 설명한다는 게 말이 안 된다. 생산자(화가)는 이용자(후손)의 요청대로 후손의 기억과 기대에 부합하는 내용으로 그렸을 뿐이다. 이런 경우라면 비평이 끼어들 여지는 없다.

동로마 제국 황제와
동방교회 대주교

코지모 데 메디치   피에로 데 메디치   로렌초 데 메디치

메디치가의 위세를 보여 주는 〈동방박사의 행렬〉.
메디치는 이 그림을 선전 도구로 이용했다. 로렌초 데 메디치의 수행원으로 당대 인문학자를
뒤따르게 하자는 것도 메디치가의 주문이었을 것이다.

건축, 조각 등 조형 예술이나 그림에서는 으레 작품과 이용자가 원천적으로 분리되었다. 작품 생산자와 이용자가 다르다는 점에서 그렇다. 하지만 생산자가 제작한 작품을 이용자에게 작품 외 방법으로 부연할 필요는 없었다. 생산자는 이용자의 요구대로 만들었을 뿐이었다. 그러니 이때 생산자에 대한 평가 역시 간단했다. 이용자의 주문을 얼마나 잘 반영했는가, 다시 말하자면 이용자의 요구에 부합하는 조형을 어떻게 만들어 냈는가다. 결국, 기예의 능숙함에 달려 있었다.

만들어야 할 조형은 이미 정해져 있었다. 이를 얼마나 실물에 가깝게 만들어 내느냐가 작품 생산자가 할 일이다. 당대 관점에서 생산자의 일을 Art(예술)이라고 불렀던 이유를 알 수 있다. 당시 기예를 '예술'이라고 불렀지만, 현대의 예술과는 매우 다르다. 근대 이전의 Art(예술)는 예술보다는 기술(Techne)로 부르는 게 적절하다. 전혀 다른 것을 같은 이름으로 부르는 통에 빚어지는 혼동이 어마어마하다.

성당을 건축한 석공이 완공 후 성당의 실질적 주인인 주교에게 이 성당이 어쩌고저쩌고하는 광경을 상상할 수 있었겠는가? 건축에 대한 지식과 감수성이 유달리 뛰어난 누군가가 주교가 미처 깨닫지 못한 것을 인지했을 수 있겠지만, 그걸 입 밖으로 꺼낼 일은 아니었다. 주교가 눈으로 보고 확인하는 작품의 실상이 어떤 것이

든 그게 바로 그 작품이 됐다. 그리고 그게 바로 그 작품이 되어야
했다.

생산자와 이용자 사이에 비평이 슬그머니 끼어든 것은 예술의 성
격이 바뀌면서다. 예술가들에게 누군가의 '손' 역할에서 스스로 생
각하는 '머리'의 역할이 더해졌다. 아이디어를 고안하는 생산자가
탄생한 것이다. 대부분의 역사가는 이 시점을 근대 예술이 탄생하
는 시기로 본다.

시점을 달리 표현하자면 이렇다. 근대 예술 이전에는 이용자의
주문 혹은 요청에 따라 작품이 생산되었지만, 어느 시점부터 생산
자가 미리 작품을 구상하고 손을 놀려 완성한 다음 그것을 이용자
에게 판매하는 방식으로 바뀌었다.

그림을 예로 들자. 화가들은 왕실, 귀족 혹은 주교의 주문 요구에
붓을 들다가 어느 시점부터는 살롱에 그림을 걸고 방문객에게 작품
을 팔기 시작했다. 이런 경우 구매자 입장에서는 그림에 대해 이것
저것 궁금할 터. 근대적 작가는 이전과 달리 특정 이용자의 요청에
맞춰 사회적으로 공인되는 방식으로 작품을 생산하지 않았다. 또
한, 그 요청을 받아 작품을 제작한다고 해도 생산자의 개인적인 지
식과 선호 혹은 세계관이 반영됐다. 그러니 생산자와 이용자 간에
는 거리가 생기는 건 당연했다.

여기서 생산자와 이용자의 간극을 메울 매개가 필요했다. 생산자가 작품에 관해 가장 잘 알 것 같지만, 그의 말을 듣는 게 불공정한 듯 보였다. 생산자는 자신이 내놓은 결과물에 좋은 말만 할 것이고, 이용자의 기호와 선택 이유에 대해서는 잘 모를 것이 분명하기 때문이다.

작가가 '자신의 생각'을 '자신의 방식'으로 전달하면서 비평이 끼어들 여지가 생겼다. 그런데 여기서 질문 하나가 떠오른다.

"예상되는 이용자들이 충분히 이해할 수 있도록 작가가 작품을 제작하면 되지 않나?"

이게 불가능할 것 같지는 않다. 하지만 그런 일은 벌어지지 않는다. 사실 작품에 관해 가장 잘 아는 사람은 바로 생산자 자신인데 제3자가 나서서 토를 단다? 창작해 보지 않은 사람은 그 스트레스를 알기 어렵다.

생산자는 작품의 메시지가 최적의 상태로 이용자에게 전달되도록 작품 설명을 조절할 필요가 있게 됐다. 설명이 지나치게 자세하면 메시지가 뻔하다고 여길 것이고, 간략하면 이해 자체가 어렵다. 어느 정도까지 설명하는 게 가장 효과적인지는 작품 공개 후에나 알 수 있다. 이용자 반응을 살핀 후 설명의 상세한 정도가 적절한지 파악할 수 있다. 창작 과정 자체에서 생산자는 추측만 할 뿐. 이 지점에서 비평이 제 역할을 시작했다.

수졸당에 한마디 거들기

다시 건축을 사례로 얘기해 보자. 건축가 승효상의 '수졸당(守拙堂)'이다. 도면에 따르면 대문을 열고 들어가서 다다르는 마당에 담장이 있다. 담장 너머에 안마당이 있다. 안마당과 바깥마당을 분리하는 담장은, 흔히 전통 가옥에서 행랑마당과 안마당을 분리하는 중문간처럼 읽힌다. 틀리지 않은 독해다. 그런데 여기에 묘한 게 하나 있다. 담장의 오른쪽 끝과 안채 사이에 약간의 틈이 벌어져 있다. 이걸 눈치채기 쉽지 않다.

이 틈에 대해 생산자는 적지 않게 고심했을 것이다. 뭔가 역할이 있는 게 분명하다. 건축가는 왜 그 틈에 '분명한' 역할을 기대했으면서도 '명확히' 말하지 않는 것일까?

건축가는 틈새의 역할을 이용자 스스로 알아차리기를 바랐을 것이다. 스스로 깨닫는 것과 남의 이야기를 듣고 고개를 끄덕이는 것에는 큰 차이가 있기 때문이다.

이 틈은 영화에서 흔히 사용하는 복선과 비슷하다. 시나리오 작가는 본격 전개될 상황을 극적으로 전달하기 위해 감상자에게 정보를 슬쩍 흘린다. 이때 정보를 얼마만큼 구체적으로 흘려주느냐가 묘미다. 나만 알아챘다는 만족감을 줄 수 있으면 좋다. 다른 사람은 놓칠 것 같은 복선을 읽고 복선대로 얘기가 풀려갈 때 사람들은 더 큰 재미를 느낀다.

사람들은 복선이 너무 드러나면 식상해 한다. 물론 재미도 반감된다. 복선이 너무 모호하면 제 기능을 못 한다. 제작자는 항상 뻔함과 모호함 사이에서 고심한다. 자신의 선택이 얼마나 효과적인지는 공개 후에나 드러난다.

수졸당 도면에서 틈을 발견한 순간 토를 달고 싶어진다. 이용자가 그 틈이 무엇이며 무슨 역할인지 도통 모르는 것 같다면 말이다. 사실상 담장의 틈은 비스듬한 각도로 열린, 중문간처럼 작동하기를 기대하고 만든 것이다.

이제 전통 한옥의 중문간을 살펴보자. 사랑채와 안채는 중문으로 분리된다. 담장 역할은 건물채가 한다. 건물채의 한 간(間)에 중문이 달린다. 이때 채의 한 간에는 벽이 두 개 있다. 앞뒤로 서 있는 두 벽이다. 이렇게 연속되는 두 벽에 구멍을 뚫어야 문이 될 텐데, 두 구멍이 똑바로 이어지지 않는다. 앞 벽에 뚫린 구멍과 뒷벽에 나는 구

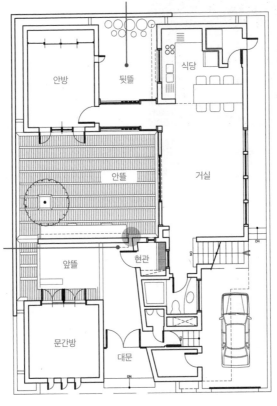

식당과 안방을
연결하는 복도에서
보이는 작은 마당은
안채 뒷마당을
연상시킨다.

안방

뒷뜰

식당

안뜰

거실

대문을 들어서면
마주 보게되는
담장을 경계로
사랑채와 안채가
독립적으로
배치되었다.

앞뜰

현관

문간방

대문

▨ 담장 틈새

수졸당은 양반집의 공간 구조를 현대화한 좋은 사례로 평가된다.

명재고택(明齋故宅) 중문간.

멍이 일치하지 않고, 비스듬한 각도로 배치된다. 그게 중문간이다.

 이러면 특별한 효과가 생긴다. 앞 벽의 구멍을 통해 중문간에 들어선 사람은 비스듬한 각도로 안채 일부만 볼 수 있다. 앞·뒷벽 두 구멍이 일직선을 이룰 때 중문간에서 안채가 훤히 들여다보이는 것과는 매우 다르다. 비스듬한 각도로 놓여 있기에 중문간에 들어서면 안채의 상황을 '개략적으로만' 알 수 있다. 안채에 지금 들어가도 되는지 정도만 눈치챌 수 있다. 다른 한편, 안채에 있는 사람은 중문간을 통해 누군가 들어오고 있다는 것을 감지한다. 대비할 여유가 생긴다.

44 ————

건축가의 의도가 숨어 있는 수졸당 담장 틈새.

왜 이렇게도 섬세한 장치가 필요할까. 여기서 우리는 중문간을 달 정도로 번듯한 한옥을 소유한 집주인의 사회·경제적 지위를 고려해야 한다. 이 정도 집이라면 당연히 노비 몇은 거느리고 살았다. 노비들은 아무 제약 없이 안채를 수시로 출입해서는 안 된다. 그렇지만 안채에 들어갈 때마다 주인에게 물어볼 수도 없는 노릇이다. 노비 입장에서 내가 지금 들어가도 되는지를 판단할 수 있는 정도로만 안채 상황을 알아챌 장치가 필요했다. 그렇게 고안된 것이 중문간이다.

수졸당의 담장 틈새는 전통 가옥의 중문간과 같다. 들어가는 사람은 안채의 기미를 알 수 있고, 안채의 사람은 누군가가 들어오고 있다는 것을 느낄 수 있다. 들고 나는 것을 알 수 있다. 이러라고 만들어 놓은 것이다.

건축가가 건축주에게 담장 틈새가 왜 만들어졌는지 말해 줄 수도 있다. 그러면 깨달음의 재미가 줄어든다. 그 역할을 이용자 스스로 깨닫게 되길 바란 것이다.

생산자가 자신의 의도를 분명하게 드러내지 않는 것은 창작 효과 극대화를 위한 장치다. 살짝 가리고 이용자가 스스로 찾기를 기다린다. 그런데 문제는 살짝 가린다는 의도와 달리 덮어 버리는 경우가 종종 발생한다는 점이다. 이럴 때는 사후 설명이 필요하다. 슬쩍 그 역할을 짚는 이야기를 추가해야 한다. 이것을 건축가가 할 수는 없다. 건축가가 그리 구체적으로, 다시 말로 설명한다는 건 자신의 설계가 실패했다고 실토하는 거나 마찬가지다. 여기에 건축 비평가의 역할이 있다.

건축가 입장에서 이용자가 알아채 줬으면 하는데 그렇지 못하는 난감한 상황 속에, 내가 한마디 거드는 역할을 해보겠다. 이것이 건축에 관해 시시콜콜한 이야기를 풀어놓는 나의 소박한 변명이다.

이 여정은 혁명주의부터 시작한다

나는 이제부터 우리 동시대 건축의 연원(淵源)을 찾아 거슬러 올라 갈 것이다. 대략 삼백 년 전이다. 거기서부터 건축물을 살펴보는 오 디세이(Odyssey)가 시작한다. 이 세월은 길면서도 짧다. 일백 년을 채우지 못하는 사람의 일생으로 보자면 긴 시간이지만, 한 번 지어 지면 천 년을 가는 건축물의 입장에서는 그리 길지도 않다.

삼백 년 동안 건축사적으로는 대단히 많은 변화가 있었다. 건축 역사의 시작을 이집트의 피라미드로 보면 대략 오천 년이 조금 넘 는다. 이전에 있었던 변화보다 더 많은 격변이 삼백 년간 일어났다.

피라미드 이후 역사에는 이집트를 포함해서 그리스·로마·로마네 스크·고딕·르네상스·바로크·로코코 건축이 등장한다. 이집트부터 로마까지, 초기 건축 양식들은 국가명에서 그 이름을 따왔다. '로마 건축과 비슷하다'라는 뜻의 로마네스크 양식 이후에야 비로소 새로 운 명명법이 본격적으로 등장한다. 이유는 간단하다. 비로소 이때 부터 전 유럽에서 비슷한 건축 양식이 유행했기 때문이다.

이른바 '근현대 건축'이라 부르는 양식들, '혁명주의 건축(Revo-lutionary Architecture)'부터 시작해서, 절충주의(Ecleticism) 혹은 신고 전주의(Neo-classicism)라고 부르는 반동의 시대를 거쳐, 근대 건축 (Modern Architecture), 포스트모더니즘 건축(Post-modern Architecture),

해체주의 건축(Deconstructive Architecture)이 줄줄이 뒤를 잇는다.

근대 건축은, 단정하게 쌓아 놓은 박스를 연상하면 쉽게 그 양식적 특징을 알 수 있다. 근대 건축 이전에 풍부하게 사용됐던, 좀 더 복잡한 형상은 더는 쓰이지 않는다. 다른 측면에서 보자면 기능에 꼭 필요한 것만 남기고 나머지는 모두 버린 것이다. 당연히 건물의 기능적 역할 외의 것, 즉 장식은 철저하게 배제됐다.

포스트모더니즘과 해체주의는 같은 배에서 태어난 형제나 다름없다. 출생연도로 보면 포스트모더니즘이 해체주의의 형님뻘이다. 형은 생각과 생김새가 부모님을 좀 더 닮았다. 동생은 부모로부터 한참 멀리 벗어났다. 이 두 자식이 부모와 다른 특징은 장식에 대한 태도다. 형은 치장이 조금 필요하다 했고, 장식을 도입한다. 반면 동생은 부가적인 장식이 필요하다는 생각은 하지 않았다. 오히려 건축 그 자체를 장식적으로 만들었다.

이제부터 그 변화의 걸음을 조금씩 좇아볼 것이다. 삼백 년의 여정 끝에서 무엇을 깨닫게 될 것인가? 지난 삼백 년의 건축사는 과연 우연의 점철이었던가, 아니면 필연의 연속이었을까? 앞으로 이런 질문에 대한 답을 찾아갈 것이다.

미리 귀띔하자면, 삼백 년의 건축 역사는 필연의 연속이었다. 이런 필연의 역사는 이 책을 다 읽은 독자들에게는 생생하게 다가올 한 장의 도식으로 설명할 수 있다. 특히 그 도식을 관통하는 '부의 집중'과의 상관관계를 눈여겨 볼 만하다. 궁금하다면 에필로그를 펼쳐보길.

현대 건축을 따라가는 이 여정은 일종의 모험담에 가깝다. 그래서 '오디세이'라고 부르겠다. 호메로스(Homeros)의 유산을 물려받아 쓰는 셈이다. 호메로스의 오디세우스는 고향으로 돌아가기 위해 모험을 한다. 현대 건축가는 영감을 얻기 위해 모험을 한다. 오디세우스는 그의 여정을 오디세이라는 모험담으로 남겼다. 현대 건축가는 그의 모험을 때로 낯선 풍경으로, 때로 익숙하거나 친숙한 풍경으로 도시 안에 스미게 한다.

오디세우스의 모험을 부채질하는 것은 '신의 훼방'이다. 신에게 제약이란 없다. 언제나 상상 이상이다. 반면, 현대 건축가의 모험을 추동하는 것은 '부의 집중'이다. 건축적 영감은 얼핏 자유로운 듯 보이지만, 실상 모든 것이 허용되지는 않는다. 건축가는 영감으로 세상에 변화를 주기도 하지만 그의 영감은 세상에 의해 구속받을 수밖에 없다. 건축가를 구속하는 세상의 속박은 많은 부분이 부의 집중으로부터 온다.

이런 맥락에서 보면 이 책을 풀어내는 방식은 호메로스적이고 따라서 아류일 수도 있다. 하지만 호메로스의 아류라고 불릴 소지가 많지는 않아 보인다. 이 책의 오디세우스는 호르크하이머적이기 때문이다. 호메로스의 오디세우스는 고향으로 돌아가지만, 현대 건축은 그 시작점으로 향하지 않는다. 사실 돌아갈 고향이 있는 것도 아니다.

신화적 힘으로부터 도망쳐 목적지에 도달하는 오디세이식의 귀향은, 건축가가 멈춰서서 건축의 역사를 뒤돌아볼 때만 잠시 가능할 뿐이다. 어느 한 건축가가 앞으로 나아가길 멈추고 뒤를 돌아보는 것은 가능하다. 하지만 건축가가 하나의 예술가로서 역사를 뒤돌아보며 더 이상 미래로 나아가길 멈추는 일은 없을 것이다. 그건 그저 상상 속에서나 가능한 일이다. 막스 호르크하이머(Max Horkheimer)의 말대로, 뱃사람을 홀렸던 세이렌(Sirens)의 노래를 통해 들려오는 계몽은 신화가 되고, 이 새로운 신화에 대응하는 새로운 계몽은 또 이어질 것이다.

한때 계몽이었던 건축가의 영감은 도시에 스며들면 신화가 된다. 이 신화는 새로운 영감을 서둘러 재촉한다. 이는 한때 계몽이었던 모더니즘 건축이 신화가 되고 포스트모더니즘이 또 다른 계몽으로 나타나는 것과 같다. 호르크하이머는 가르쳐준다. 이 또한 하나의 신화가 된다는 것을. 그러면 또 다른 계몽이 필요하다. 해체주의가 바로 그것이다.

세이렌에 붙들려 벗어나지 못한다는 점에서 현대 건축 오디세이는 분명 호메로스적이기보다 호르크하이머적이다. 하지만 다른 점도 있다. 호르크하이머의 오디세우스는 세이렌에 붙들려서 벗어나지 못하지만, 현대 건축의 오디세우스는 벗어날 생각이 없다. 세이렌의 노랫소리를 즐기고 있는 듯 보인다. 오히려 세이렌의 노래가 끝이 날까 두려울 뿐이다.

　이제부터 세이렌의 노래에 맞춰 춤추는 현대 건축의 오디세우스를 따라가 보자. 건축가의 영감이 어디서 싹텄고, 도시에 어떻게 스며들었는지.

2023년 2월
이상현

현대 건축 300년

현대 건축의 시간적 흐름을 조감하면 그림과 같다.
건축 양식 간의 친족 관계가 확인된다.
양식의 연속과 단절이 현대 건축사다.

혁명주의 건축
Revolutionary Architecture

영란은행

존 손의 영란은행, 클로드 니콜라 르두의 소금공장, 에티엔느루이 불레의 뉴턴 기념관은 변화하는 사회 분위기를 반영하고 있다. 떠오르는 신흥 세력인 부르주아가 자신의 존재를 세상에 드러낸 것이다. 이들에게는 이전의 왕이나 귀족과는 다른 미적 가치, 가치관이 필요했다.

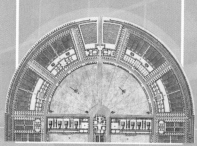

소금공장

모더니즘 건축
Modern Architecture

뮐러 하우스

건축은 대중을 위해 봉사하기 시작했다. 부르주아에게 집중됐던 자원이 골고루 나누어져야 했다. 예전의 귀족 문화를 흉내 낸 화려한 건축은 불가능해지고, 부적절하고 부도덕한 것이라 낙인찍혔다. 화려한 건축의 상징과 같은 장식은 죄악으로 여겨졌다.

시세션

포스트모더니즘 건축

Post-modern Architecture

포틀랜드 공공청사

이제 보편적 접근이 아닌 하나하나의 특수 상황에 초점이 맞춰지기 시작했다. 시간이 흘러 단순한 매스만 고집할 필요 없이, 장식 사용을 절대적으로 배제할 필요 없이, 건축공간의 다양한 역할을 고민할 수 있게 됐다.

퐁피두 센터

해체주의 건축

Deconstructive Architecture

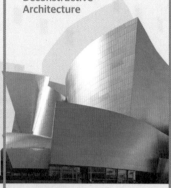

디즈니 콘서트홀

좀 더 근본적인 수준에서 재료의 재활용을 시도했다. 직육면체·구·피라미드 같은 기본 형상을 탐구 주제로 삼았다. 그리고 새로운 방법도 도입했다. 컴퓨터의 도움을 받은 것이다.

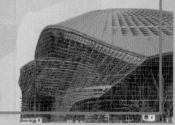

다롄 국제 컨퍼런스 센터

제1부 **함께 잘살아보자**

모더니즘

건축의 모더니즘은 형태의 미학이 아니다.
형태의 아름다움보다는
그 이면에 있는 진리를 추구한다.
거기서 한 발 나아간다.
건축의 모더니즘은 효용과 공익,
이른바 선(善)을 추구한다.

주요 건축물

영란은행

주요 건축가

소금공장

존 손

뉴턴 기념관

클로드 니콜라 르두

로스 하우스

에티엔느루이 불레

카펜터 센터

아돌프 로스

쉘 본부 빌딩

필립 존슨

롱샹 성당

러셀 히치콕

명동성당

르 코르뷔지에

조선총독부

미스 반 데어 로에

정부청사

월터 그로피우스

경성부민관

피터 오우트

우남회관

01

산업혁명이 탄생시킨 요구들

무엇이 영란은행을 낯설게 하는가

1700년대 후반 영국 런던 중심가에 낯선 건물이 등장했다. '영란은행(英蘭銀行, 통칭 The bank)'이다. 없던 건물이 새로 생긴 건 아니고 원래 있던 건물을 증축한 것이다. 엄밀히 말하자면 이 건물의 증축부가 낯선 형태로 런던 시민에게 다가왔다.

영란은행이 낯설게 보인 까닭은 주변 건물에 비해 훨씬 간소한 장식 때문이었다. 간소한 장식은 몇 가지 디테일(detail)에서 구체적으로 드러난다.

첫째, 편편한 벽. 둘째, 꽉 막힌 창문. 셋째, 최소한의 장식. 이와 함께 모서리 땅을 적극적으로 활용하고 있다는 점이 이 건물을 더욱 낯설게 하는 데 큰 역할을 했다. 이런 점이 왜 생소해 보였는지 설명하자면, 당시 다른 건물들은 어떠했는지 말해야 한다. 하나씩 살펴보자.

1818~1827 존 손이
디자인한 부분

쓰레드니들거리

주출입구

01

02

01 영란은행 평면도.

02 존 손이 개축한 영란은행의 외관.
당대의 일반적인 건축물과 달리 장식이 없고 밋밋해 보이기까지 한다.

우선 벽을 보자. 영란은행 이전 건물에서는 벽을 어떤 방식으로 처리했을까? 벽을 구획하는 기둥과 보를 벽에서 돌출시켜 요철을 강조했고 기둥, 보와 벽의 연결부에 장식적인 디테일을 추가했다. 벽과 보가 만나는 부분을 도드라지게 만들어 줄무늬처럼 보이게 했으며 섬세하게 만든 조각을 붙이기도 했다. 기둥과 벽의 연결부도 마찬가지다. 이 부분에 세로 줄무늬를 더했다.

벽도 밋밋하게 비워두는 법은 없었다. 넓은 벽면은 가로 세로로 잘게 구획하고, 파내거나 뭔가를 덧붙여서 펀펀함을 그저 드러내지 않았다. 대표적인 수법이 러스티케이션(rustication)이다. 큰 돌을 쌓을 때 돌과 돌이 만나는 줄눈을 일부러 강조하는 방식이다. 러스티케이션은 장식 기법 가운데 하나지만 사실 펀펀한 벽을 만드는 것보다 더 자연스러운 방식이다. 철근콘크리트가 흔히 쓰이기 전에 벽은 벽돌이나 작은 돌을 쌓아 만들었는데, 이러면 줄눈이 생기게 마련이다. 이런 줄눈을 감추고 펀펀하게 만드는 게 오히려 더 품이 많이 든다. 어찌 보면 펀펀한 벽이 더 '장식적'이라고 할 수도 있다.

둘째, 꽉 막힌 창을 사용했다는 점에 대해 살펴보자. 이전 건물에서 꽉 막힌 창문을 사용한 경우는 찾기 힘들었다. 이전 건물들은 창문 낼 곳이라면 당연하게 열린 창문을 만들었다. 현대적인 철근콘크리트 기술이 보급되기 전, 벽체가 하중을 지지하는 구조에서는 건물이 무너질 염려 없이 창문과 같은 개구부를 마음껏 뚫는 게 사실상 힘들었기 때문이다. 창문은 대부분 벽을 뚫어 설치하니, 창문을 낸다는 건 벽과 창문이 만난다는 뜻이고, 이런 부분에는 언제나 장식이 풍부하게 붙었다.

벽에 사각형 창문을 낸다면 벽과 창이 만나는 지점에 두 가지 주요 구조 부재가 필요하다. 하나는 수평 부재고 다른 하나는 수직 부재다. 수평 부재는 창문의 위아래 구획이다. 위쪽에 있는 것을 '상인방', 아래쪽에 있는 것을 '하인방'이라고 부른다. 상·하인방이 필요한 이유는 주로 벽체를 만드는 재료가 벽돌과 같은 작은 덩어리였기 때문이다. 작은 덩어리를 연결해 벽체를 세우면 하부에 공간을 만들기 위해서는 아치나 보를 사용하는 수밖에 없다. 상인방은 창문 상부에서 위에 쌓은 벽돌이 무너지지 않게 한다. 하인방은 구조적인 역할이 없다. 다만 작은 벽돌을 매끈하게 연결할 필요는 있는데, 이를 위해 하인방을 썼다.

상인방과 하인방에는 장식이 집중됐다. 상인방을 돌출시켜 처마처럼 보이게 하고 돌출부에 조각이나 문양을 파 넣어 장식했다. 하인방도 마찬가지로 돌출시켜 그곳에 장식 요소를 더하는 경우가 많았다.

수직 부재도 하인방처럼 구조적 역할이 크지는 않다. 벽돌을 쌓아두는 것만으로도 하중을 버틸 수 있기 때문이다. 하지만 다른 변수가 있다. 때로 지진이나 바람이 수평으로 흔들리는 힘을 만들기도 한다. 이 힘을 견디게 하자면 수직 부재가 필요하다. 창문과 벽 사이에 수직 부재를 끼워 넣으면 해결할 수 있는데, 여기서도 밋밋함을 덜기 위해 장식이 추가될 수밖에 없다.

영란은행은 개방형 창문도 있지만, 창문이 막힌 곳도 있었다. 다른 건물처럼 벽에 뚫린 개구부 때문에 발생하는 구조적인 문제가 없었기 때문이다. 다른 말로 인방이나 기둥 같은 구조 부재가 필요하지 않다는 얘기다. 당연히 장식도 적어졌다.

셋째, 장식 자체가 적다는 특징을 살펴보자. 영란은행에도 장식

존 손이 설계한 공간 내부를 담은 사진.
영란은행 내부는 외부와 마찬가지로 당대 건축물과는 매우 달랐다.

은 여전했다. 다만 장식을 덧붙이는 정도가 이전에 비해 적었다.

건물 내부에서 아치(arch)와 아치가 만나는 지점에 상부 하중을 떠받치는 기둥을 보자. 고딕 건축이라면 '필라(pillar)'라는, 장식이 풍부한 기둥을 만들었을 것이다. 영란은행의 이 부분은 세로줄 문양을 넣는 정도로 간소하게 마무리돼 있다. 이건 기둥 몸통에 관한 얘기다. 기둥이라면 당연히 몸통과 함께 머리가 있어야 한다. 이전 시대 건축이라면 어떤 기둥이든 주두(기둥 머리)를 붙이고 그것을 화려하게 장식했다. 영란은행에는 주두 자체가 없다.

아치와 아치 사이를 메워주는 벽을 보자. 여기도 간단한 기하학
적 문양만 그려져 있다. 이 역시 이전 시대 건물에서는 조각과 회화
로 화려하게 치장되는 부분이다.

넷째, 모서리 땅을 적극 활용했다는 점을 살펴보자. 이게 왜 중요
한가? 규모가 비슷한 건축물 중에 모서리를 이같이 활용한 사례가
있는지 생각해 보면 쉽게 알 수 있다. 모서리는 그저 모서리이고,
그곳에 의미를 담은 예는 거의 없다. 영란은행은 모서리에 주요 출
입구가 배치됐다. 사람들이 그곳으로 드나들었다. 그러면서 모서리
에 정면성이 부여됐다.

소극적 혁명주의 건축가
존 손, 1753-1837

피터 콜린스(Peter Collins)는 존 손을 '소극적 혁명주의 건축가'라고
부른다. 혁명적이라고 부르는 이유는 일단 그가 이니고 존스(Inigo
Jones)나 프랑수아 망사르(François Mansart)의 고전주의와는 분명하게
다르기 때문이다. 소극적이라고 해야 하는 이유는 고전주의를 대체할
만한 어떤 적극적인 원칙도 제시하지 않았기 때문이다. 이 책에서
언급되고 있는 그의 영란은행 입면 또한 딱 그정도로 혁명적이다.

런던 시민이 느꼈을 그때의 감상들

이런 특징들이 모여 영란은행은 런던 시민들에게 생소하고 낯선 건물로 보였을 것이다. 여기서 한 가지 궁금한 게 있다. 왜 그랬을까? 이전 건물에서 하던 방식이 마땅치 않았을까? 사실 꼭 이전 것이 마땅치 않아야 새롭게 시도하는 건 아니다. 새로움 자체만을 찾기도 하니. 일단 둘 중 하나다. 이전 건물을 그냥 쓰기에는 뭔가 석연찮은 구석이 있었거나 혹은 그저 새로움을 추구하려는 의도였을 것이다.

현대인들은 이 점에 관해 전문가나 일반인이나 마찬가지일 것이다. 물론 전문가가 더 심하다. '별 이유 없이 새로움을 원해서'라는 말을 고깝게 생각하지 않는다. 오히려 특별한 기능상의 이유는 없지만, 그저 새로운 형식을 추구한다는 게 미덕으로 받아들여지기도 한다. 종종 미덕 추구가 지나쳐서 괴상망측한 새로움을 만들기도 하지만.

영란은행이 지어진 시대에서 새로움의 추구가 관행적으로 포용되는 시대가 오려면 한참이 지나야 한다. 당대에 '그냥 새로움'은 용납되지 않았다. 그렇다면 답은 다른 쪽에 있다. 이전 방식대로 하자니 뭔가 마음에 걸렸다는 것이다. 무엇이었을까?

건축가 존 손(John Soane)에 의해 이 건물 주입면이 지어지던 당시 영국은 산업혁명이 한창이었고, 역사상 전에 없던 독특한 기능을 지닌 은행이 탄생한 시점이었다. 은행의 역사를 최대한 길게 잡아 보면 로마 시대 환전상도 원시적인 형태의 은행이라 할 수 있겠지만, 그런 건 제외하자. 그렇다면 르네상스 시기의 은행이 눈에 들

르네상스 시기 장부에 수입 지출 내역을 기록하는 방식이 도입되면서 은행의 역할도 바뀌었다.

어온다. 메디치가 은행이 보인다. 이 은행은 교황청으로 몰려드는 여러 나라의 화폐를 환전하고 안전하게 운송했다.

르네상스 초기, 교황청에 돈을 보내려면 마차에 주화를 싣고 먼 길을 나서야 했다. 지금과 달리 치안이 불안했으니 중간에 도적을 만나 돈을 잃는 일도 많았다. 돈을 직접 옮기지 않고도 돈을 부치는 묘수가 필요했다. 이런 요구에 부응한 게 메디치가의 은행이다. 메디치가는 유럽 대륙 구석구석에, 거점 교회 인근에 지점을 두었다. 그리고 그 지점 장부에 은행 거래자의 수입과 지출을 기록하는 방식을 고안했다. 결국, 돈을 직접 옮기지 않아도 돈이 돌았다.

또 하나 주목할 만한 은행은 스톡홀름의 릭스방크(Riksbank)다. 고객이 맡겨 놓은 돈을 가지고 적극적으로 대출 장사를 시작한 곳이다. 지금 시각으로 보자면 그게 무슨 특별한 일인가 싶겠지만, 당시로서는 혁명이었다.

영란은행은 기능적으로 이 두 은행과 달랐다. 국가가 발행하는 채권을 판매하는 일을 했다. 앞선 두 은행의 고객이 주로 귀족이나 대상인이었다면 영란은행의 주요 고객은 부르주아 계층이었다. 물론 일반 시민도 있었다. 국채는 이자율이 높고 안전한 투자 수단이었기에 남편과 사별한 여인이나 고아와 같은 약자 계층도 찾곤 했다.

영란은행은 주요 고객이 된 부르주아와 일반 시민의 눈높이에 맞춘 공간 구조와 형태를 갖춰야 했다.

국왕이나 귀족을 위한 공간 구조가 아니라고 굳이 변화를 줘야 하는 건 아니지만 어쨌든 변화한 시대상을 반영한다면 더 좋았을 것이다. 이런 맥락 덕에 런던 한복판에 독특한 형태를 지닌 영란은 행이 나타난 것이다.

이전의 건물에 흔히 쓰이던 화려한 장식은 왕실과 귀족의 전유물이었다. 영란은행도 그 흉내를 내는 게 어렵지 않았지만, 그랬다면 영원한 'B급'이 되는 것이다. 당연히 과거의 화려한 장식보다는 좀 다른 게 좋았을 것이다. 장식을 배제한 편편한 벽은 이런 배경에서 탄생했다.

꽉 막힌 창문은 은행의 기능을 생각해 보면 고개가 끄덕여진다. 은행은 고객의 돈을 보관하는 장소다. 고객이 맡긴 돈은 금이나 은, 혹은 지폐나 동전의 형태로 저장된다. 외관이 튼튼해 보여야 고객의 신뢰를 얻을 것이고, 기능적으로 보자면 열린 창문보다는 꽉 막힌 벽이 더 안전할 것이다. 이는 기능적이면서 상징적이다.

화려한 장식을 하지 않은 까닭은 또 있다. 무리해 가며 기존 건물을 능가하는 화려한 장식을 할 수도 있겠지만 이것도 왕이나 귀족의 눈치가 보일 일이다. 신분 격차가 엄연했던 당시, 그 차이를 뒤집을 듯 화려한 장식은 선뜻 택하기 어려웠을 것이다.

모서리를 버려두지 않고 활용한 것도 고객이 은행에 좀 더 편하게 드나들게 하기 위한 배려였다. 왕이나 귀족을 위한 건물에서는 기능보다는 의례가 우선이다. 정면성이 늘 강조되었고, 특별한 경우가 아니라면 좌우 대칭을 유지했다. 모서리는 모서리일 뿐, 때로 건물의 권위를 형태적으로 내세우자면 모서리는 감추는 게 낫다. 하지만 영란은행에서는 모서리가 드러났고 적극적으로 활용됐다. 이게 다 건물의 주요 사용자가 왕이나 귀족이 아니기 때문이다.

건물의 실질적인 사용자가 누구냐에 따라 건물의 공간 구조와 형태가 달라지는 것은 자연스러운 일이다. 존 손에 의해 이 건물은 새롭게 사회의 주도 계층으로 성장하는 부르주아와 일반 시민들을 위한 공간으로 진화했다. 이는 영란은행에서만 유일하게 볼 수 있는 돌연변이가 아니다. 당시 사회적 분위기는 일정한 경향성을 보일 정도로 부르주아 계층의 대두를 보여 준다.

건축, 부르주아의 등장을 선언하다

존 손의 영란은행과 비슷하게 익숙한 도시에서 낯선 풍경을 만들어 낸 당시의 건축물이 또 있다. 클로드 니콜라 르두(Claude Nicolas Ledoux)의 '소금공장(Royal Saltworks at Arc-et-Senans)'이다. 이 건물은 형태나 전체적인 배치로 볼 때 이전 시대의 건물과 크게 다르지 않았다. 전체적인 외관에서 장식이 절제되는 양상을 보인다는 점만 좀 다르다. 집중형이면서 대칭적인 형상 배치가 인상적이다. 또, 노동자와 공장 관리인 숙소가 구분돼 각자 누구의 거주공간인지 분명히 드러낸다. 이전 앙시앵 레짐(Ancien Régime) 시대의 건축적 경향을 그대로 이어받고 있다 해도 과언이 아니다. 하지만 누구도 부인할 수 없는 특별한 점이 하나 있다.

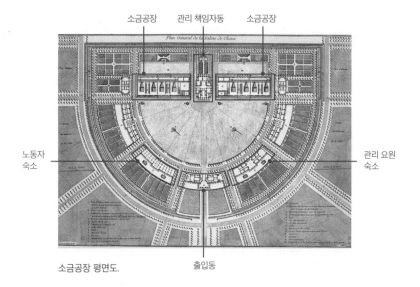

소금공장   관리 책임자동   소금공장

노동자 숙소

관리 요원 숙소

소금공장 평면도.

출입동

소금공장에 지어진 노동자 주택이 바로 그것이다. 여기서는 '노동자'에 방점을 찍고 읽어야 한다. 노동자를 위한 주택이다. 그 이전에 노동자를 위한 주택을 짓는다는 건 생각조차 쉽지 않았다. 물론 사례가 전혀 없지는 않다. 유럽 중세 말 저소득 노동자층을 위한 공동주택이 지어지기도 했다. '푸게라이(Fuggerei)'다. 1521년 유럽 최대의 자본가 야코브 푸거(Jacob Fugger)는 106채의 집을 지어 빈민들에게 증여했다. 당시에도 교회나 영주가 운영하는 노숙자를 위한 '쉼터'가 있었지만, 개인이 이런 규모로 노동 빈민을 위한 '주택'을 제공한 예는 없었다. 르두의 소금공장의 노동자 주택은 이 사례의 뒤를 잇는다는 역사적 의미도 있지만, 더 중요한 것은 따로 있다. 푸거라이가 푸거만의 의지의 산물이라면, 소금공장의 노동자 주택은 사회적 분위기를 반영하고 있었다.

1700년대 말 영란은행이 지어지고 소금공장 노동자 주택이 지어질 당시 사회는 부르주아가 사회의 주도 계층으로 떠올랐지만, 그렇다고 노동 빈민의 존재를 무시하지는 않았다. 1800년대 들어 산업혁명과 함께 자본주의가 고도로 발달하면서 부르주아에 끼지 못한 노동 계층은 프롤레타리아로 불렸고, 두 계층의 간극이 벌어지기까지는 아직 시간적 여유가 있었다.

존 손의 영란은행과 르두의 소금공장과 함께 눈여겨 볼 만한 것이 에티엔느루이 불레(Etienne-Louis Boullée)의 '뉴턴 기념관(Cénotaphe de Newton)' 계획안이다.

그림을 보면 원형 기단 위에 거대한 구가 얹혀 있다. 장식은 철저히 배제됐다. 정사각형과 원을 사용하는 르네상스 건축의 분위기가 풍기기는 하지만 그보다 훨씬 근대적이다. 에티엔느루이 불레는 왜 뉴턴 기념관을 당대 건물처럼 만들지 않았을까? 왜 장식이 많은 바로크 스타일을 버렸을까?

뉴턴 기념관은 부르주아의 자신감을 대변한다. 아니, 대변하고 싶어 한다고 하는 게 더 낫겠다. 부르주아가 자신감을 드러내고 싶다면 그 대상은 무엇이겠는가? 자기들보다 약자인 프롤레타리아 계층이었을까? 그러나 당시에는 프롤레타리아라고 부를 만한 계층이 뚜렷하게 형성되지 않았다. 부르주아가 말을 걸고 싶었던 대상은 예전 같지 않지만, 자신들이 사회를 여전히 주도하고 있다고 믿던 왕과 귀족이다.

왕과 귀족을 향해 존재감을 드러내 보이고 싶다면서 그들이 애용하던 건축 양식을 사용한다는 건 우스운 일이다. 아무리 해도 '짝통' 신세를 벗어나기 어렵다. '짝통'을 들고 진품에 대들면 진품 소

부르주아의 자신감이 담겼을 뉴턴 기념관.

유자에게 비웃음만 산다. 부르주아는 자기들의 자신감을 표현하기 위해 자신만의 방식이 필요했다. 에티엔느루이 불레의 뉴턴 기념관은 이런 요구에 부응했다.

그런데 한 가지 더, 흥미로운 부분이 있다. 부르주아의 자신감을 드러내는데 왜 하필 뉴턴일까? 뉴턴을 이용해 메시지를 전달하고 싶었을 것이다. 사실 중요한 건 뉴턴이 아니라 '뉴턴의 과학'이었다. 뉴턴이 과학으로 연 신세계에 대해 누가 더 잘 알까? 왕족이 더 잘 알까? 귀족이 더 잘 알까? 아니면 부르주아였을까? 누구라고 단언할 수 없지만, 적어도 이거 하나는 분명하다. 부르주아는 '내가 더 잘 안다', '내가 더 교양 있는 사람이다', '나는 왕이나 귀족, 너희들보다 낫다'라고 주장하고 싶었다는 것. 이게 부르주아에게 뉴턴 기념관이 필요했던 까닭이다.

존 손의 영란은행, 클로드 니콜라 르두의 소금공장, 에티엔느루이 불레의 뉴턴 기념관은 이런 사회적 분위기를 반영했다. 떠오르는 신흥 세력인 부르주아가 자신의 존재를 세상에 드러내는 과정이다. 이들에게는 이전의 왕이나 귀족과는 다른 미적 가치, 가치관이 필요했다.

이 건물들은 그들의 도시에 낯선 풍경을 불어 넣었다. 사람들은 낯선 풍경에 실려 오는 바람에서 새 시대의 기운을 느꼈다. 하지만 이 바람은 오래도록, 멀리까지 불지 못했다. 영란은행은 존 손 사후에도 살아남아 '쓰레드니들 가의 늙은 마님(The Old Lady of Threadneedle Street)'이란 칭호로 불리게 됐다. 하지만 사람들에게 익숙한 풍경이 되지는 못했다. 어느 건축학자는 이런 건축을 '혁명적인 건축(Revolutionary Architecture)'이라고 부른다. 지난한 세월은 '알테스 무제움(Altes Museum)'이나 '웨스트민스터 사원(Westminster Abbey)' 같은 오랫동안 익숙했던 풍경 속에 한때의 낯선 풍경을 묻어 버렸다.

01

02

01 알테스 무제움.
02 웨스트민스터 사원.

02

빈을 뒤흔든 건물 한 채

오스트리아 황제는 로스 하우스를 왜 혐오했을까

1910년 오스트리아 제국의 수도 빈 중심에 '로스 하우스(Looshaus)' 가 등장했다. 빈 사람들에겐 낯선 풍경이었다. 특히 오스트리아 황제에겐 더욱 그랬다. 낯설다 못해 혐오스러웠다. 건물 공사 중단 명령을 받기도 했다. 외관을 주변과 비슷하게 만들겠다는 약속을 하고서야 공사를 재개할 수 있었다. 완공 후에도 로스 하우스는 그다지 환영받지 못했다. 가장 눈에 거슬리는 것은 펀펀한 벽에 뻥뻥 뚫린, 구멍처럼 생긴 창문이었다. 혹자는 '눈썹이 없는 집'이라고도 했다. 이 정도는 오히려 과찬이다. 빈 사람들은 로스 하우스를 '빈의 맨홀'이라고도 불렀고, '미하엘 광장(Michaeler Platz)의 쓰레기'라고도 폄훼했다.

이 건물이 왜 악평을 받게 되었는지를 알려면 지금 모습만 봐서

'빈의 맨홀'이라고 혹평 받았던 로스 하우스.

페디먼트를 연상시키는 장식

로스 하우스 맞은 편에 있는 스페인 승마학교.　　　　　　　기둥　　　　주출입구

는 전혀 알 수가 없다. 현대인이 흔히 보는 형태의 건물이다. 이걸
쓰레기라고 부른다면 유럽 구도심 건물의 절반은 모두 쓰레기라고
불려야 할 것이다.

　로스 하우스가 눈엣가시가 된 상황을 알려면 광장 맞은편에 있는
건물과 비교해 보면 된다. 이 건물에는 '공연이 열리는 유서 깊은
승마학교'라는 문구가 붙어 있다. 바로 스페인 승마학교(Spanische
Hofreitschule)다. 슬쩍 봐도 "그래, 그렇지. 건물이 이 정도는 되어야

코니스

기둥인 척하는 기둥

하지."라는 감탄사가 절로 나온다. 물론 오스트리아 황제처럼 로스하우스를 불편히 여긴다면 그렇다는 얘기다. 이제부터 당시 황제의 눈으로 이 건물을 뜯어 보자.

황제가 보기에 건물이란 모름지기 머리·몸통·다리가 있어야 한다. 네 층으로 구성된 승마학교 주(主)입면은 1·2층과 3·4층 등 둘로 나뉜다. 1·2층으로 구성되는 하부는 벽면에 러스티케이션 처리를 한 르네상스식 궁전, 팔라초(palazzo)를 연상시킨다. 원래는 큰 돌을 쓰고 줄눈을 과장해 좀 더 묵직한 느낌을 준다. 승마학교는 큰 돌을 쌓아 올린 조적식은 아니지만, 입면에 돌출 띠를 부착하며 그런 효과를 얻고 있다. 일단 다리가 튼튼하게 완성됐다.

3·4층은 몸통이다. 건물 본채의 상부 구획에는 러스티케이션 대신 기둥을 조각해 넣었다. 기둥 상부는 코린트(corinthian)식으로 처리해 화려한 장식 효과를 극대화했다. 여기서 사용할 수 있는 기둥 장식 방식에는 도리스(doric), 이오니아(ionic) 양식도 있다는 걸 알면 음미하기 더욱 좋을 터. 세상에는 그저 혼자만 멋진 것이 없다. 덜 멋진 녀석과 살짝 대비시켜야 부각되는 법이다.

도리스나 이오니아 양식을 머릿속에 새기고 승마학교 입면 기둥 장식을 보면 화려한 맛이 한층 살아난다. 3층 창문을 잘 보자. 창문 위에 'ㅅ' 모양의 무언가가 붙어 있다. 차양이다. 제기능을 한다기보

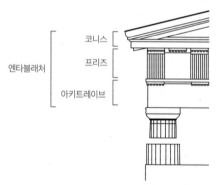

도리스식 오더의 엔타블래처.
엔타블래처는 크게 세 부분으로 이루어져 있다. 기둥이 받치고 있는 바로 위의 수평 부재를 아키트레이브, 그 위의 부재를 프리즈, 그리고 제일 위에 돌출되어 있는 부재를 코니스라고 부른다.

다 조형의 맛을 살리기 위해서다. 마치 사람 눈 위에 있는 눈썹 같지 않은가? 로스 하우스는 이게 없어서 '눈썹 없는 집'이라는 소리를 듣는다. 스페인 승마학교는 몸통도 잘 단장했다.

건물 좌우 끝부분의 머리에는 경사지붕이 쓰였고, 돔으로 완성된다. 지붕과 벽면이 만나는 곳은 어김없이 장식이 들어섰다. 지붕과 벽면의 연결부를 코니스(cornice)로 마감해 어색함이 없다. 건물 중앙부에는 그리스 신전에서 흔히 보이는 페디먼트(pediment)를 연상시키는 장식과 함께 갖가지 조각이 올라 앉아 있다. 화려한 장식으로서 제 역할을 한다.

황제의 눈에 건물이 건물답게 보이려면 정면성이 중요하다. 당당하게 딱 버티고 서서 어디가 중심인지 분명히 드러내야 한다. 두 층 높이로 뚫려있는 출입문이 시선을 확실하게 잡아끌면서 그 역할을 한다. 주출입구 양편에 두 쌍씩 설치된 조각상들이 여기가 주출입구라는 것을 엄숙히 말하고 있다.

이제 주출입구 상부 3·4층이 어떻게 처리되어 있는지 보자. 좌우 입면과 유사하게 벽기둥을 사용하고 있는 것처럼 보이지만 조금 다르다. 좌우 입면의 기둥은 벽에 거의 파묻혀 있다. 심지어 기둥의 면을 평면으로 만들어 기둥인 척하고 있다.

반면, 주출입구 상부의 기둥은 완전한 기둥으로 서 있다. 기둥인 척하지 않는다. 그냥 기둥이다. 이 기둥이 떠받치고 있는 상부 구조체는 그리스 신전과 비교하면 아키트레이브(architrave)라 볼 수 있는데, 이 아키트레이브의 하부가 시선에 노출될 수 있도록 입면 일부를 후퇴시키고 있다. 이렇게 해서 기둥과 아키트레이브가 강조되면서 건물의 권위를 드러내는 주출입구가 완성된다.

자꾸 뜯어보면 한도 끝도 없으니 이 정도에서 멈추자. 이 글의 목적은 승마학교 감상이 아니니까. 이제 당당함과 화려함을 만끽하고 그에 도취된 황제의 눈으로 로스 하우스를 다시 보자.

건물에는 정면이 필요한데 로스 하우스의 정면은 그저 애매하다. 부지의 전면이 좁은 사다리꼴 형상이다. 설계자의 의도라기보다 부지의 형상이 정면성을 확보하기 곤란한 형태다. 하지만 무슨 수를 내지 못할 것도 아니다. 비슷한 부지에서 로스 하우스와 확연히 다른 묘안을 찾은 사례가 있다.

로마 포폴로 광장(Piazza del Popolo)으로 가 보자. 비슷하게 생긴 두 건물이 나란히 서 있다. 사진에서 보는 방향에서 왼쪽은 '산타 마리아 데이 미라콜리(Santa Maria dei Miracoli)'고 오른쪽이 '산타 마리아 인 몬테산토(Santa Maria in Montesanto)'다. 이 두 성당 건물 모두 로스 하우스의 부지 모양과 비슷한 땅 위에 세워졌다. 그렇지만 정면성을 충분히 확보하고 있다. 로스 하우스라고 못할 이유는 없다. 건축가의 능력을 비난할 의도는 전혀 아니다. 로스 하우스에 당당함과 화려함이 깃든 정면은 없다. 이제 머리·몸통·다리는 잘 갖추고 있나 보자.

73페이지에 실린 로스 하우스의 모습을 떠올려보자. 6개 층 중에서 1·2층을 기단부로 사용하면서 다리의 모양새를 갖춘다. 상부에 만사드지붕(Mansard)을 얹어 머리를 구성했다. 나머지 층이 몸통이다. 만사드지붕이란 2단으로 된 경사진 지붕을 뜻한다. 고급스러운 형태와 세련된 모습으로 귀족들이 좋아하던 지붕 형태였다.

머리·몸통·다리가 있기는 한데 차이점이 둘 있다. 하나는 각 부

포폴로 광장의 두 건물.
사다리꼴 부지에서도 정면성을 효과적으로 확보하고 있다.

분의 연결 부위를 간결하게 처리했다는 점이다. 다른 하나는 세 부
분 모두 장식이 없다는 점이다. 로스 하우스를 더욱 로스 하우스로
만드는 것은 역시 몸통부의 간결함이다. 로스 하우스에서 창문은
그저 벽에 뚫린 구멍이다. '빈의 맨홀'이라는 혹평이 로스 하우스의
귀에는 칭찬으로 들렸을 수도 있다.

　"구멍을 통해 잘 볼 수 있으면 됐지, 눈썹(차양)이 무슨 필요란 말
인가?"

　이게 그 대답이었을 것이다. 벽은 창문을 고정하고 외기로부터

내부를 보호할 수 있으면 됐지 러스티케이션이 웬 말인가? 아돌프 로스(Adolf Loos)의 항변은 이어졌을 것이다.

황제가 눈살을 찌푸리고 자신의 궁전에서 저 건물이 보이지 않도록 커튼을 치라고 명령할 만하다. 당시 오스트리아 황제 프란츠 요제프 1세(Franz Joseph I)가 누구인가? 유럽 최고의 명문가이자 대제국의 황제다. 그의 선조 중에는 신성로마제국 황제로 독일 왕이자 스페인의 왕까지 겸한 인물도 있었다. 권력과 권위로 치자면 유럽 최고 권력자의 자리를 팔백여 년 지켜온 가문이다. 부의 측면에서도 오스트리아 황제는 누구도 부러울 것 없는 사람이었다. 그에게 로스 하우스가 탐탁지 않은 건 매우 자연스러운 일이다.

장식과 범죄
아돌프 로스, 1870-1933

"모든 디자인과 심미적 욕망을 거두라는 말이 아니다. 모두가 좋아할 법한 장식은 과하다. 실용만으로는 부족하다. 아름다움은 우리 가족이 머물 만한 가족의 공간을, 내가 집중할 만한 나의 업무 공간을 스스로 꾸밀 때 스며 나온다."
"공예가와 예술가, 생활자가 동일선상에 놓일 때 우리는 우리 환경의 주인이 될 수 있다."
아돌프 로스는 『장식과 범죄』에서 말한다. 의도한 적 없고 요구한 적 없는 장식에게서 벗어나야 함을 주장했다.

빈에서는 그때 무슨 일이?

황제는 그렇다 치고 빈 사람들은 왜 로스 하우스를 향해 그렇게 눈살을 찌푸렸을까? 미적 눈높이에 맞지 않았을까? 그 까닭을 알려면 링슈트라세(Ringstrasse)에 관해 좀 알아야 한다. 빈 시내를 둘러싸고 도는 도로 말이다.

링슈트라세 자리에는 원래 성벽이 있었다. 빈은 유럽의 다른 지역들처럼 성벽을 기준으로 안에는 귀족이, 밖에는 평민들이 사는 구조였다. 그러나 조금씩 변화가 생기기 시작했다. 부르주아가 유력한 사회 계층으로 떠오른 것이다. 부르주아 세력이 강해지면서 신분제 사회가 위태로워진다. 더는 부르주아를 무시할 수 없게 된 것이다.

빈 시내를 둘러싼 링슈트라세.

1857년, 황제는 성벽을 허문다. 허물어진 성벽은 귀족과 평민 간 신분 차별이 없어진다는 것을 공인하는 선언이다. 옛 성벽 자리에는 신분 구분 없이 필요한 관공서와 함께 시민 모두가 즐길 수 있는 문화시설이 들어섰다.

성벽이 허물어지면서 출입이 자유로워지고 귀족과 평민의 구분이 없어졌지만, 이제는 링슈트라세가 또다시 예전의 성벽 같은 분리 장치가 됐다. 내부는 돈을 많이 버는 부르주아들의 차지였다. 이전 시대 성벽이 귀족과 평민을 물리적으로 분리하는 단단한 장치였다면, 이제 링슈트라세는 부르주아와 프롤레타리아를 상징적으로 나누는 경계가 됐다.

성벽이 허물어진 후 링 안 사람과 링 밖 사람으로 구분해서 여전한 차별이 생긴 것이다. 어떤 차별이 존재했는지 보여 주는 재미난 사례가 있다. 루드비히 비트겐슈타인(Ludwig Josef Johann Wittgenstein)과 칼 포퍼(Karl Raimund Popper) 얘기다. 둘 다 20세기 철학계를 대표하는 학자다. 그런데 성향이 다르다. 한 명은 언어철학의 대가이자, 진리를 규정적으로 언급하는 것이 불가하다는 입장이다. 다른 한 명은 논리 실증의 대가이자, 진리는 제한적이지만 규정적으로 표현할 수 있다고 봤다.

누가 언어철학자이고, 누가 논리 실증주의자일까? 한 사람은 빈 링 안의 사람이고 다른 이는 링 밖 사람이다. 이 둘 중 링 안 사람은 좀 더 수식어가 필요하다. 그는 링 안에서도 최상류층이었기 때문이다. 얼마나 부자였냐면, 모두가 익히 들어본 로스차

루드비히 비트겐슈타인.

일드(Rothschild) 가문이 빈 최고의 부자였
고, 링 안 철학자가 그 가문에 못지않은 부
잣집의 도련님이었다.

칼 포퍼.

링 밖 사람은 어땠을까? 사실 그도 요새
말로 태어날 때부터 흙수저는 아니었다. 아
버지가 변호사였으니, 어느 정도 살 만한 집
에서 태어났다. 그러나 아버지의 사업이 망
하는 바람에 청소년기부터는 꽤 어려운 시
절을 보냈다.

링 안 사람은 설렁설렁 공부한 것 같은데 영국 캠브리지대학 철
학과 교수 자리를 얻었다. 버트런드 러셀(Bertrand Arthur William
Russell)의 든든한 지원이 있었다고 한다. 링 밖 사람은 어렵게 박사
공부를 마치고 고국에서 교수 자리 하나 얻지 못하고 뉴질랜드에서
교편을 잡았다. 열심히 공부하고 논문 쓰고 저술 활동을 해 겨우 이
름을 알려 영국 런던대학 경제학부 철학 교수가 된다. 링 안 사람은
루드비히 비트겐슈타인이고 링 밖 사람이 칼 포퍼다.

제1차 세계대전이 한창이던 때, 캠브리지대학 철학과 학과장 루
드비히 비트겐슈타인은 철학과 세미나에 칼 포퍼를 초청했다. 여기
서 두 대가가 격돌하는 장면이 펼쳐졌다. 루드비히 비트겐슈타인은
칼 포퍼가 틀렸다고 힐난했다. 칼 포퍼는 지지 않았고 둘은 충돌했
다. 세미나 참석자 절반은 칼 포퍼를, 나머지는 루드비히 비트겐슈
타인 편을 들었다. 두 철학자의 대립은 순전히 학문에서 비롯됐지
만, 이날의 일을 책으로 엮은 작가는 이면에 무언가가 있다는 암시
를 강하게 남겼다. 링 안과 밖은 서로 조화할 수 없었을 것이라고.

부르주아 계층은 귀족을 누르고 득세했다. 이들은 한때 자신만의 가치를 추구하기도 했다. 하지만 귀족의 존재가 희미해질수록 부르주아는 귀족이 되어갔다. 귀족을 대신해 그 자리를 부르주아가 차지한 셈이다. 변한 게 있다면 수가 많아졌을 뿐. 귀족과 평민의 구분이 부르주아와 하층 계급의 구분으로 바뀌었다. 부르주아는 대체로 귀족의 문화적·미학적 가치를 받아들였다. 그들은 자신의 눈이 황제와 같아지길 원했다. 황제가 느끼는 대로 느끼고 싶었다. 이제 링슈트라세 안의 시민들이 로스 하우스를 어떤 감정으로 대했을지 추측하는 것은 어려운 일이 아니다.

로스 하우스가 자리 잡은 미하엘 광장은 링슈트라세 안쪽, 도심 중앙에 위치한다. 이런 자리에는 귀족 문화에 어울리는, 그리고 이제는 귀족화된 부르주아 문화를 상징하는 건물이 있어야 했다. 로스 하우스 건너편 승마학교 같은 건물이. 그런데 그 터에 상점을 깔고 앉은 빈민 집단 거주지가 들어선 셈이다. 비유를 들어보자. 서울 강남 청담동 한복판에 임대주택이 들어선 것이라고 봐도 좋을 것 같다. 주민들이 좋아할 리가 없다. 무슨 트집을 잡아서라도 공사를 중단시키려고 했을 것이다. 빈 시민들이 그렇게 했다.

아돌프 로스의 선택은 필연적이었다

황제가 아무리 눈살을 찌푸렸어도 역사는 황제 편이 아니었다. 프란츠 요제프 1세가 죽고 그 뒤를 이은 프란츠 요제프 2세가 황제 자리를 지킨 것은 불과 몇 년이다. 시민들은 그를 몰아냈다. 프란츠 요제프 1세 이후, 사실상 제국은 무너졌다.

황제처럼 찡그린 표정으로 로스 하우스를 못마땅하게 여겼던 부르주아들은 어찌 됐을까? 부르주아들은 그 뒤로도 번성했다. 돈도 더 벌었고 그들의 교양과 향유하는 문화도 귀족 수준이 됐다. 하지만 그리 오래가지 못했다. 부르주아는 예전만큼 돈을 잘 벌지도 못하고, 귀족 흉내를 드러내 놓고 하기 어려운 상황에 부닥치게 된다. 세계대전의 소용돌이에 휘말린 것이다.

제1차 세계대전의 원인을 제공한 오스트리아는 전쟁에서 패배하여 국력을 소진했다. 더는 신성로마 황제국, 오스트리아-헝가리 제국의 위상을 되찾을 수 없는 지경에 이른다. 독일에 합병돼 추축국의 일원으로 제2차 세계대전에 휩쓸린 오스트리아는 또 한 번 나락으로 떨어진다.

이 과정에서 부르주아도 힘을 잃었다. 이들이 사라진 것은 아니지만 사회적 주도권은 일반 시민에게 넘어갔다. 건축은 대중을 위해 봉사하기 시작했다. 부르주아에게 집중됐던 자원이 골고루 나누어져야 했다.

예전의 귀족 문화를 흉내 낸 화려한 건축은 불가능해지고, 부적절하고 부도덕한 것이라 낙인찍혔다. 화려한 건축의 상징과 같은 장식은 죄악으로 여겨졌다.

1910년, 아돌프 로스가 로스 하우스를 설계하고 장식이 죄악이라 외쳤을 때 누구도 순순히 받아들이기 힘들었다. 장식이 왜 부도덕한 것인지 미처 깨닫기 전의 세상이었다.

부르주아 문화가 한풀 꺾이고 일반 시민들의 문화에 힘이 실리고, 그 문화를 뒷받침하는 미학적 가치가 자리를 잡으면서 아돌프 로스의 주장은 인정받기 시작했다. 그리고 그의 건축은 선한 것으로 받아들여진다. 두 차례의 세계대전이 없었다면 아돌프 로스의 목소리 역시 역사 속에 묻혔을 것이다.

로스 하우스는 지금 빈의 문화재로 남아 있다. 지금은 누구도 로스 하우스를 '빈의 맨홀'이라 혹평하지 않는다. 근대 건축의 문을 연 선구적이고 기념비적인 위대한 건물이라고 치켜세운다.

나는 로스 하우스에 대한 긍정적 평가에 동의한다. 그런데 그 건물을 보고 "와우, 멋지다. 감동적이다."라는 사람이 많을까? 후대에 평가가 달라졌다고는 하지만 승마학교와 비교하자면 여전히 곤혹스럽다. 아름다움에는 절대적 기준이 없다고들 하나 로스 하우스가 더 아름답다고 하기는 쉽지 않다. 다른 종류의 미감을 우리에게 선사한다는 데 거부 반응이 없는 정도다. 하지만 이런 정도의 변화조차도 험난한 과정을 거쳐야 했다.

1932 MoMA의 낯선 풍경

뉴욕 시민들에게 친숙한 도시란

미국 뉴욕 MoMA(Museum of Modern Art, 모마)는 그간 회화와 조각
에 초점을 맞추고 있었지만, 1930년에는 관심을 넓혀 건축 전시를
기획했다. 미국 건축을 대표하는 모든 건축은 뉴욕에서 쉽게 볼 수
있었으니, 그것들로 전시를 기획한다면 큰 관심을 끌기는 어렵다
고 생각했다. 그리하여 MoMA의 전시 기획자들은 건축가 필립 존
슨(Philip Cortelyou Johnson)과 역사학자 러셀 히치콕(Henry-Russell
Hitchcock)에게 유럽 건축을 둘러보라고 요청했다. 두 해 동안 이들
은 미국 땅에서 볼 수 없던 낯선 풍경을 접했다. 그런 과정을 거치
며 전시회의 골격이 잡히기 시작했다. 기획자들은 두 사람이 유럽
에서 본 낯선 풍경들을 미술관 골방 안에 박제로 전시하기로 했다.

그렇다면 무엇이 필립 존슨과 러셀 히치콕의 눈에 낯설게 보였을

까. 이를 짐작하려면 당시 뉴욕의 건축을 살펴보아야 한다. 낯선 것은 전혀 다른 게 아니다. 어렴풋이 알겠지만, 구체적으로 정의할 수 없는 게 낯섦이다. 낯섦은 익숙함의 연장선에 있다. 익숙함을 아무리 고민해도 그 끝에 닿지 않는 낯섦은 감각할 수 있는 영역 밖에 존재한다. 뉴욕에서 익숙함을 구성하고 있던 것은 무엇이며 그 외연은 어디쯤에서 멈추고 있었을까?

당시 뉴욕에는 성채 같은 거대 저택이 교외에 등장하고 도심에는 마천루가 즐비하게 들어찼다. 마천루의 첫인상은 그저 높은 건물이지만 자세히 보면 다른 점들도 엿보인다. 빈의 중심 미하엘 광장에서 오스트리아 황제의 눈으로 보았던 그 건물의 전형을 찾을 수 있다. 뉴욕의 건물은 모두 머리·몸통·다리로 구성되고, 각 부분의 연결부에 장식이 집중돼 있다.

거대한 저택과 장식이 그득한 마천루를 각각 건축학 용어로 부르자면, 전자는 '성관(城館) 건축'이고 후자는 '아르데코(Art Déco)'다. 성관 건축은 유럽의 성을 본뜬 것이다. 그런데 성관 건축이라는 용어에서 주의할 점이 있다. 유럽에서 유행한 성관 건축은 전통적인 성이 아니다. 일반적으로 성은 외부 세력으로부터 내부 거주자를 보호하는 용도로 쓰였다. 때로 성은 성내 거주자가 외부 사람들을 통제하기 위한 군사 기지로 사용됐다. 이것이 성의 전형인데, 평화로운 나날들이 오다 보니 성이 원래의 목적과는 다르게 쓰이기 시작했다. 성은 폭력의 집행자이기보다 고귀함과 권위를 풍기는, 아름다움을 드러내는 도구로 치환됐다. 이렇게 지어진 게 성관 건축이다.

이제 아르데코 양식을 얘기해 보자. 무슨 양식이라는 거창한 명칭이 등장하면, 정의 내리기 더욱 힘들다. 학문적으로 약간의 위험

1920년대 뉴욕 도심에는 마천루가 가득하다. 머리·몸통·다리로 구성되고, 각 부분의 연결부에 장식이 집중돼 있다.

01

02

01 전형적인 성관 건축 양식.
02 아르데코 양식의 건축물.

을 무릅쓰고라도 때로는 간결 명료하게 정의할 필요가 있다.

아르데코, 특히 건축에서 말하는 이 양식은 건축공간을 둘러싸는 표면에 장식을 풍부하게 한다는 것 정도로 이해하면 된다. 그런데 이렇게만 말하면 '아르누보(Art Nouveau)'와 구분이 어렵다. 표면을 장식으로 풍부하게 감싸는 것은 아르누보도 마찬가지다. 아르누보와 아르데코는 사용하는 장식의 형태적 특징으로 구분할 수 있다. 아르누보가 곡선 위주의 부드러운 장식을 사용하는 반면, 아르데코는 직선을 많이 쓴다. 곡선조차도 주로 패턴화된 곡선을 쓴다. 요약이 좀 길었다. 아르데코 건축이란 직선의 느낌이 많이 나는 패턴화된 곡선을 이용해, 건축공간을 감싸는 표면을 풍부하게 장식하는 건축 스타일이라고 보면 된다.

MoMA에 전시된 유럽의 낯선 풍경

필립 존슨과 러셀 히치콕이 생각하기에 성관 건축과 아르데코 양식이 당대 뉴욕 건축을 대표했을 것이다. 유럽 땅에 도착한 둘은 성관 건축과 아르데코를 기준으로 유럽의 도시를 바라봤을 것이다. 그러니 이들 눈에 낯선 형태란 대개 이런 것이었을 터.

"우선 건물 덩어리가 단순해야 한다."
"건물이 몇 개의 직육면체를 붙여 쌓은 형태."
"장식이 없어야 한다."

이들은 르 코르뷔지에(Le Corbusier)와 월터 그로피우스(Walter Adolph Georg Gropius), 미스 반 데어 로에(Ludwig Mies van der Rohe), 피터 오우트(Jacobus Johannes Pieter Oud)의 건축에서 낯섦을 발견했다. 한때 시각적 혐오의 대상이며 정신적 충격이었던 로스 하우스로부터 시작된 스타일은 이미 유럽에서는 익숙한 형태가 돼 있었다. '모던'한 하나의 스타일로 인정받은 것이다. 하지만 성관 건축이나 아르데코에 익숙한 필립 존슨과 러셀 히치콕의 눈에는 틀림없이 낯설었을 것이다. 당연히 이런 건축을 전시하면 꽤 주의를 끌 수 있을 거라 생각했다.

1932년 MoMA는 유럽의 낯선 건축을 뉴욕 시민들에게 공개했다. 1932년 전시회의 주요 건축가였던 이들 네 명의 건축 스타일이, 당시 미국 땅에 아예 없었던 건 아니다. 필립 존슨과 러셀 히치콕은 미국 건축가들 가운데 이들과 유사한 작업을 하고 있던 건축가들의 작품도 함께 전시했다. 총 37명의 건축가가 전시회에 초대됐다. 그

중 하나가 리처드 노이트라(Richard Joseph Neutra)였다. 그의 작품을 네 명의 주요 건축가 중 한 사람인 피터 오우트의 '갤러리 하우스(Weissenhof Estate)'와 나란히 놓고 보면 어느 게 피터 오우트의 작품인지 리처드 노이트라의 작품인지 자세히 보아도 구분하기 힘들 정도다.

낯선 풍경이 뉴욕의 미술관 전시실에서 전시되면서, 존재하지만 별 이름을 얻지도

인터내셔널 스타일 표지.

못하고 있던 스타일이 거창한 이름을
얻었다. 바로 '국제주의 양식'이다. 유
럽에서 로스의 로스 하우스로부터 시
작해서 '모던'하다는 수식어를 얻고
미국에 소개된 이 스타일은 필립 존
슨과 러셀 히치콕에 의해 '국제주의
양식'이라는 상표가 붙었다. 그리고
미국 전역은 물론 세계 곳곳으로 퍼
져 나갔다.

시그램 빌딩.

월터 그로피우스는 미국으로 건
너와 하버드대학 교수가 됐다. 미스
반 데어 로에도 뉴욕에 '시그램 빌딩
(Seagram Building)'을 선보이며 미국 근대 건축의 주류로 자리매김
했다. 미스 반 데어 로에가 활발한 활동을 펼친 것에 비해 월터 그
로피우스는 그렇지 못했다. 그는 작품 활동보다 교육에 더 힘썼다.
르 코르뷔지에는 미국에서 활동하지 않았지만, 미국에 불세출의 유
명작을 남겼다. 걸작이라기보다 '유명작'이란 표현이 맞다. 그의 작
품 '유엔 본부(United Nations Headquarters)'를 걸작이라고 평가하는
사람은 아주 드물지만, 그 상징성을 보자면 불세출의 유명작인 것
만은 틀림없다.

미국 땅에 지어진 르 코르뷔지에의 작품은 많지 않다. 그러다 보
니 '카펜터 센터(Carpenter Center for Visual Arts)'가 더욱 귀하게 보인
다. 이 건물은 하버드대학 교정에 지어졌다. 주용도가 목공 실습실

01

02

03

01 카펜터 센터.
02 라투렛 수도원.
03 빌라 사부아.

이다 보니 '카펜터'라는 이름이 붙었다. 유엔 본부는 르 코르뷔지에가 설계에 주도적으로 관여했다는 말을 듣지 않는다면 그의 작품이라고 상상하기 쉽지 않다. 하지만 카펜터 센터를 마주하면 다른 상황이 열린다. 르 코르뷔지에 건물인지 몰랐다 해도 그의 건축 스타일을 제법 보았다면, 이 건물은 꼭 르 코르뷔지에 작품 같다고 생각하게 된다. '빌라 사부아(Villa Savoye)'와 '라투렛 수도원(Couvent St. Marie de la Tourette)'을 섞어 놓은 듯한 형태라서다.

1932년 전시회의 주역 중 월터 그로피우스, 미스 반 데어 로에, 르 코르뷔지에 등 셋은 교육과 작품을 통해 미국 건축에 지대한 영향을 끼쳤다. 반면, 피터 오우트의 영향은 미미했다. 그의 작품이 미국에 없다는 점도 있겠지만, 1941년 헤이그에 지어진 '쉘 본부 빌딩(Shell Headquarters Building)'이 미국 건축 평단의 혹평을 받은 점도 무시할 수 없다. 그런 신랄한 혹평을 받게 된 건 국제주의 양식에서 벗어난, 모더니스트들이 도저히 용납할 수 없는 거대한 문양의 장식을 썼기 때문이다.

모더니즘 원칙과 국제주의 양식의 기준을 벗어나기는 르 코르뷔지에도 마찬가지였다. 그의 작품 중에서도 걸작으로 손꼽히는 '롱샹 성당(Notre Dame du Haut)'을 보면 그렇다. 노골적으로 드러나는 장식을 쓰진 않았지만, 모더니즘 원칙이나 국제주의 양식 기준에서는 멀어도 한참 멀리 와버렸다.

롱샹 성당은 1950년 설계를 시작하여 1955년 완공됐다. 모더니즘 정신을 배신했다고 평가받을 법한 이 작품에는 비난 대신에 찬사가 돌아갔다. 빌라 사부아보다 더 칭송받는 르 코르뷔지에의 작품이 됐다. 대략 십 년 전, 욕을 실컷 먹은 피터 오우트의 사례와는

01

02

01 피터 오우트의 쉘 본부 빌딩.
1940년대 건축계의 혹평을 받았다.

02 1950년대에 지어진 르 코르뷔지에의 롱샹 성당.
이 역시 모더니즘과 국제주의 양식 기준에서 벗어났지만, 찬사를 받았다.

몹시 대조적이다. 그 사이에 무슨 일이 있었던 걸까.

그것을 알자면 'CIAM(Congres Internationaux d'Architecture moderne, 근대 건축 국제회의)' 제10차 회의를 들여다봐야 한다. CIAM은 1928년부터 다양한 국가의 건축가들이 모여 어떤 건축을 지향해야 하는가, 어떤 식으로 실행해야 하는가에 대해 논의했던 회의 조직이다. 1959년 10차 회의를 끝으로 해체됐다.

CIAM에서는 다양한 안건이 상정됐다. 빡빡한 분위기에서 많은 사안이 심도 있게 논의되었다. 어느 양식에 대해 정의 내리기를 머뭇거리는 것처럼 CIAM 논의에 대해 이렇다 저렇다 할 때도 비슷한 점이 있다. 그래도 일반화의 오류 위험성을 무릅쓰고 얘기하자면 이렇다.

초기 CIAM에는 보편성에 기반을 둔 하나의 해답이 있는 것처럼 믿었다. 보편적 문제의식과 문제에 대한 보편적 해결이 가능하다는 믿음은, 아무래도 획일적인 공간 구조와 형태로 귀결됐다. 그러다가 시간이 흐르면서 점차 보편성보다 개별 상황에 더 초점을 맞췄다. 건축설계 대상 하나하나를 개별 문제로 인식하면서 저마다 다른 해결책을 추구하기에 이르렀다.

초기의 사회적·경제적 상황을 고려해서 보면 이해가 간다. 제1차 세계대전 직후 유럽은 전후 복구가 무엇보다 급했다. 가난한 사람들을 위해 건축적 역량을 집중할 필요가 있었다. 이럴 때라면 인간의 풍요로운 삶에 효과적이라고 해도 다수의 이익을 위해 참을 수 있었고, 참아야 했다.

건축의 관심이 벨 에포크를 누렸던 부르주아로부터 일반 시민으로 넘어가면서, 보편성에 기반한 문제 인식과 그에 따른 해결 방안

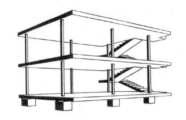

도미노 이론을 대표하는 이미지.

이 어느 정도 부작용의 소지가 있더라도 큰 문제가 되지 않았다. 이런 상황이라면 르 코르뷔지에의 그 유명한 도미노 이론(Dom-Ino House)이 나올 법하다. '도미노'란 집을 뜻하는 라틴어 '도무스(domus)'와 혁신을 뜻하는 '이노베이션(innovation)'을 결합한 단어로, 최소한의 철근 콘크리트 기둥이 모서리를 지지하고, 벽체의 연속성과 가변성으로 자유롭고 다양한 공간 구조를 형성하는 건축 원리를 말한다. 지금 세상에서는 무지막지한 획일적 해결책이라고 볼 수 있는 이론이지만, 당시 상황에서는 차선책이었다.

CIAM이 제6차에 이를 무렵, 젊은 건축가 그룹을 중심으로 개별적 상황에 맞춘 문제 해결이 필요하다는 주장이 제기되기 시작했다. 이런 변화 또한 당시의 사회·경제적 맥락에서 보면 일리가 있는 것이었다. 전후 복구 사업은 어느 정도 마무리되는 듯싶었고, 한동안 숨죽이던 부르주아들은 고개를 들기 시작했기 때문이다. 이즈음 '부르주아'라는 말이 특정 사회 계층을 적시하기에는 너무나 지엽적인 단어가 됐다. 이 시기 이후로는 이 말 대신 그저 '부유층'이라고 부르는 게 적절해 보인다.

이런 상황에서 르 코르뷔지에의 롱샹 성당은 시대를 읽는 그의 안목을 보여 줬다. 그가 도미노 이론을 통해 가난한 자를 위한 건축에서 앞서 나갔듯, 이번에는 다양한 건축을 위한 건축이론의 선구자라는 것을 다시금 온 세상에 알렸다.

결국, 르 코르뷔지에가 배신적 행위로도 칭찬받을 수 있었던 건 시대의 요구를 읽었기 때문이고, 피터 오우트가 욕을 먹은 것은 시대의 흐름에 너무 무심했기 때문이라고 할 수 있다.

백 년의 건축가
필립 존슨, 1906-2005

필립 존슨은 1932년 MoMA 전시회를 통해 모더니즘 건축을 미국에서 유행시켰고, 급기야 국제주의 양식의 기틀을 마련했다. 그후로 사십 년쯤 지나서는 AT&T 빌딩(1984년)을 통해 포스트모더니즘으로 가는 문을 열었다. 그러더니 얼마 안 있어 1988년 MoMA 전시회를 통해서는 해체주의로 가는 문도 열어젖혔다.
백 년을 살지 않는다면 할 수 없는 일들을 그는 해냈다. 이런 맥락에서 필립 존슨은 고유한 이론이나 스타일을 갖추지 않았음에도, 건축사에서 결코 빼놓을 수 없는 인물이다.

그래서 무엇을 남겼나

로스 하우스가 모진 비난을 견뎌내고 문화재 대접을 받게 된 데는 후배들의 덕이 크다. 장식은 죄악이라는 아돌프 로스의 주장은 단순한 매스(mass), 그리고 장식의 배제라는 특징으로 정리되는 근대 건축의 시작을 알렸고, 후배 건축가들은 그 원칙을 이어받아 국제주의 양식으로 발전시켰다. '선한 건축'이 되고자 했던 아돌프 로스의 열망은 결국 후배들에 의해 완성된 셈이다. 아돌프 로스가 시대를 잘 만난 건지, 시대를 개척해 낸 건지 모를 일이다. 어느 쪽이었을까? 나는 그가 시대 흐름을 타고자 했던 게 아니라는 쪽에 표를 던지고 싶다. 그는 풍요로움보다 다 같이 조금 더 잘사는 사회를 천성적으로 꿈꾼 사람 같다.

왜 그렇게 생각하는지, '부의 집중' 흐름에 대한 토마 피케티(Thomas Piketty)의 『21세기 자본(Capital in the Twenty-First Century)』을 보면서 좀 더 구체적으로 얘기해 보자. 스스로가 칼 마르크스(Karl Heinrich Marx) 같은 세계적인 연구자가 되고 싶다는 생각에 그는 책 제목을 『21세기 자본』이라고 붙였다고 한다.

토마 피케티는 1913년 부의 집중이 정점에 달하고, 그 후 두 차례 세계대전을 거치며 부의 집중 현상이 현저히 누그러지는 것을 그래프로 설득력 있게 보여 줬다. 또한, 완화됐던 부의 집중이 1980년대에 들어서면서 다시 심화하는 게 확인된다. 우리나라도 예외가 아니다.

1913년 이전은 부르주아들의 '벨 에포크(Belle Époque)'였다. 세계대전의 화마 속에 부르주아의 시대는 막을 내렸다. 여기에는 두 가

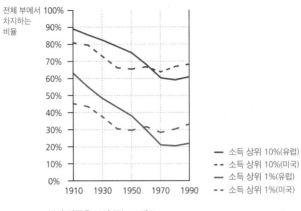

전체 부에서 차지하는 비율

부의 집중을 보여 주는 그래프.
출처 : 『Capital in the Twenty-First Century』

지 이유가 있다. 하나는 전쟁 통에 산업 시설이 파괴되는 바람에 상품 생산 자체가 줄었다는 점이고, 다른 하나는 전 지구적 전쟁을 겪으며 사람들이 인류애에 눈떴다는 것이다. 나만 잘사는 것보다 함께 잘사는 게 중요하다는 인식이 생겼다. 물론 이것조차도 완벽히 이타적인 행동은 아니다. 나만 잘사는 사회는 지속되기 어렵다는 것을 뼈저리게 경험했기 때문이다.

부가 특정 계층에 집중되는 시기에는 부르주아가 건축의 주요 봉사 대상이었다. 반면, 부의 집중이 누그러지는 시기에 건축은 부르주아보다 일반 시민 계층을 주요 대상으로 했다. 매스와 장식이 배제된 '기능주의'가 지향한 건축은 부의 집중이 완화되던 당대의 시대적 소명에 응한 것이라고 볼 수 있다.

아돌프 로스의 로스 하우스는 부의 집중이 급격한 하강세를 타기 전에 등장했다. 여전히 부르주아의 벨 에포크가 계속되던 시절이었다. 그는 부르주아만이 배부른 세상이 아니라 다 같이 잘살 수 있는 길을 모색하고 있었다. 아돌프 로스는 시대의 사냥꾼이 아니라 천성대로 산 사람이고, 그의 천성이 우연하게도 시대의 흐름과 결을 같이 하게 된 것이다.

그가 빚은 빈의 낯선 풍경에서 시작한 근대 건축은 1932년 MoMA를 계기로 '국제주의'라는 이름을 얻었고, 미국이라는 호랑이의 등을 타고 전 세계로 퍼져 나갔다. 유럽에서는 가내 수공업 방식을 통해 팔리던 '모던 스타일'이 미국으로 건너와 자동화 공정을 거치고, 헨리 포드(Henry Ford)의 컨베이어 벨트에 실려 전 세계로 팔려나갔다. 여기에는 제2차 세계대전 후 미국이 전 세계적으로 실시한 복구 지원 사업이 큰 역할을 했다. 대상 국가에 대한민국도 이름을 올렸다. 이를 계기로 국제주의 양식이 우리나라에 들어와 우리 도시의 낯선 풍경을 구성하기 시작했다.

04

세종로에 나타난 그 건물의 사연

정부청사가 들어선 순간

1961년 세종로에 낯선 풍경이 등장했다. 미국 대사관으로 잘 알려진 건물이다. 사오십 줄에 든 분이라면 건물 앞 도로가 비자를 발급받으려는 사람들로 북적이던 시절을 기억할 거다. 여기 미국 대사관과 나란히, 같은 크기의 똑같이 생긴 건물이 하나 더 있었다. 문화관광부 건물로 오래 사용되다 보니 사람들은 여전히 그 이름을 떠올린다. 지금은 한국현대사박물관으로 변신해 그 자리를 지키고 있다.

미 대사관 건물은 처음부터 그 목적으로 지어진 게 아니다. 미국 대외 원조 기관(USOM)이 사용하기로 하고 지어진 건물이다. 이런저런 설이 있지만 좀 더 신빙성이 있는 것은 미국의 지원으로 대한민국 정부청사를 짓는 도중 예산이 남아 같은 모양 건물 한 동을 더 짓

1961년에 지어진 정부청사.

게 되었다는 것이다. 처음에는 대사관이 주목적이었으나 곁다리로 한국 정부가 사용할 수 있는 건물도 지었다는 설보다, 이 주장에 신뢰가 더 간다. 그러니 1961년 세종로에 정부청사가 낯선 풍경으로 등장했다고 하겠다.

1961년의 정부청사가 이 거리에 낯선 풍경으로 등장했다는 것을 실감나게 느끼려면 이 시기의 인근 건물과 비교해야 한다. 지금의 시선으로 보자면 별로 새로울 것도 없는 '익숙한' 형태이기 때문이다. 현대식이고 새롭다고들 하지만, 이야기는 대개 당시 흔치 않은 건축 소재를 쓴 것으로 시작한다. 콘크리트, 유리 그리고 엘리베이터 등 최신식 설비까지. 거기에 전자두뇌도 있어 아주 빠르게 효율적으로 움직인다는 등의 것들이다. 조금 더 전문적으로는 무량판(無梁板) 구조를 사용하고 있다는 것과 내부 벽이 모두 가동식이어서 필요에 따라 공간 재배치가 쉽다는 점도 있다.

옛 경기도청사.
절충주의 양식 건물이다. 역사주의 양식 요소가 다양하게 사용되고 있기에 그렇다. 하지만
전체적인 분위기로 볼 때 르네상스 양식의 풍모가 가장 크게 눈에 띈다.

　일반인 눈에 새로운 건 정작 외관이었을 텐데 이에 대해 별말이
없었다. 이제부터 얘기해 보자. 우선 비교 대상은 바로 옆에 있던
'경기도청사'다. 이 건물은 조선 시대 의정부(議政府) 건물이 있던
자리에 1910년 준공됐다. 건축을 공부한 사람이라면 대뜸 '르네상
스풍이 강하게 담긴 절충주의 양식'이라고 할 것이다.
　우선 아담한 건물 크기 때문에 그렇다. 좌우 대칭의 단정한 매스
또한 그런 느낌을 준다. 흔히 르네상스 건축의 특징으로 비례·질
서·조화 등 형태적 특징을 거론한다. 경기도청사 외관도 마찬가지
다. 전체 입면을 구성하는 부분들 사이에 적당한 비례 관계가 형성
되었다. 다수의 부분들이 조합되어 만들어진 복잡한 구성이지만 조
화로움이 느껴진다. 전체적으로 질서감을 엿볼 수 있다.
　르네상스 양식의 형태적 특징을 얘기할 때 빠뜨리면 안 될 게 장
식 사용의 적절성이다. 르네상스 시기 전후에 유행한 고딕이나 바

로크풍에서 흔히 찾아볼 수 있는 '과다'한 장식이 없다.

경기도청사를 르네상스풍의 '절충주의'라고 해야 하는 데는 다른 이유가 있다. 르네상스 건축의 특징적 요소 외의 것이 보이기 때문이다. 건물 모서리나 지붕과 만나는 코니스 부분에 장식을 과하게 하지 않았지만, 입면 구성 요소의 개수가 많아지면서 르네상스 건축보다는 좀 더 장식적이다. 또, 지붕이 르네상스 건축에서 찾아보기 힘든 경사지붕이다. 지붕만 놓고 보면 고딕 성당에 가까운 인상을 주기도 한다.

경기도청사에는 결과적으로 여러 양식이 혼재해 있다. 그러니 절충주의로 볼 수 있다. 설명이 길어졌는데, 어찌 됐건 경기도청사가 정부청사와 가장 크게 다른 점은 역사주의 건축 양식을 따른다는 점이다.

그때 정부청사는 왜 낯설게 느껴졌을까

여기서부터는 역사주의 건축 양식에 대한 설명이 필요하다. 최대한 간략히 얘기해 보자. 역사주의적 양식이란 과거 양식 중 하나이거나 혹은 그에 시대적 감각을 덧붙여 만들었거나(예를 들면 신고전주의), 그도 아니면 몇 개의 과거 양식을 혼합해 쓴 건축 형태라고(다른 표현으로는 절충주의) 할 수 있다.

정부청사가 지어질 당시 공용건물은 대개 역사주의 양식을 충실히 따랐다. 중앙청(구 조선총독부)과 서울시청사가 그랬다. 특히 관용 건물이 그랬지만 민간 소유라고 특별히 다를 것도 없었다. 신세계 백화점, 화신 백화점도 마찬가지였다. 당시 서울에서 가장 눈에 띄는 건물은 무엇이었을까? 아마도 명동성당이 아니었을까. 서울을 내려다볼 정도로 높은 곳에 자리하면서 높이만 47미터나 됐으니.

총독부·서울시청사·신세계 백화점·화신 백화점 그리고 명동성당. 이들은 원래부터 낯설었다. 낯선 풍경으로 서울에 등장했다.

조선 말, 외국 문물이 밀려 들어왔다. 건축도 그중 하나다. 명동성당이 서울에 등장하는 장면은 서울 사람 누구에게나 감동적이었을 것이다. 서울 어디서나 바라볼 수 있는 자리에 처음 보는 형태의 건물이, 생소한 재료로 높이 올라가기 시작했다.

명동성당은 '네오고딕(Neo-Gothic)'쯤 되는 건물이다. 새로운 건물 형태를 설명할 때마다 무슨 양식이라고 시작하는 것이 좀 거슬릴 수 있겠다. 양식 운운하는 것이 쓸데없이 전문가인 양하고, 이미 만들어진 개념이나 정의 뒤에 숨어서 그 권위를 이용해 보려는 얄팍한 수작으로 보일 수도 있으니. 공들여 변명하겠다.

건축 형태에 관해 얘기하자면 양식을 이용하는 게 가장 효과적이다. 준거 삼기 아주 좋다는 얘기다. 가로세로 각각 50, 30미터의 직사각형 터에 직육면체가 몇 개 있고 삼각형 프리즘이 얹힌 모양이라고 건물 형태를 설명하면 그걸 누가 듣고 싶어 할까? 이미 잘 알려진 양식으로부터 시작하는 게 효과적이다. 문제는 듣는 사람이 이 용어에 대해 어느 정도 알아야 한다는 점이다.

다행히도 건축 양식, 특히 서양 건축에는 크게 복잡할 게 없다. 일반인의 이해를 돕는 정도로만 쓰일 지식이라는 측면에서 보았을

01

02

03

04

05

06

20세기 초 낯선 풍경으로 우리 곁에 등장한 건물들.

01 명동성당.　　**02** 신세계 백화점.
03 화신 백화점.　　**04** 조선총독부.
05 경성부청사.　　**06** 조선은행.

때 그렇다. 그냥 서양 건축 양식사가 간단하게 전달될 수 있다고 한다면 전문 연구자들은 고개를 갸우뚱할 것이다.

잠시 건축 양식사 이야기를 해야겠다. 고딕 양식에 관해 말하자면, 고딕은 천 년 가까이 이어졌으니 시작과 끝이 많이 다르다. 그러다 보니 초기·중기·후기로 나눠야 양식을 기준으로 한 분류가 설득력이 있다. 그뿐 아니다. 지역 차이가 있다. 같은 중기라고 해도 프랑스와 이탈리아가 다르다. 이게 끝이 아니다. 고딕 양식은 창문 형태로도 따로 분류할 수 있을 정도다. 사용된 재료들이 한자리에 모인 경위를 밝히는 게 중요한 때도 있다. 양식사의 무한한 깊이와 연구 주제의 다양함은 백 번 인정할 수밖에 없다.

하지만 앞서 말했듯 일반인의 이해를 돕는 수준에서라면 건축의 양식사가 그리 복잡할 것도 없다.

서양 건축 양식은 그리스의 고전주의, 로마 멸망 후 로마네스크, 중세를 관통하는 고딕, 이탈리아를 중심으로 한 르네상스, 절대 왕정 시대의 바로크, 뒤이어 귀족 취미를 대변하는 로코코 정도만 기억하고 있으면 된다. 기왕 서양 양식사를 무모할 정도로 간략화했으니, 짧은 설명도 곁들이겠다.

그리스의 고전주의는 파르테논 신전을 떠올리면 된다. 기둥과 보를 이용한 구조이면서 정면에 기둥(파르테논 신전에 사용된 기둥은 도리스 양식)을 연결하는 보(아키트레이브)와 경사진 기붕을 떠받치는 삼각형 부재(페디먼트)가 특징이다. 어딘가에서 이와 유사한, 즉 기둥과 보가 있고 그 위에 삼각형 페디먼트가 얹힌 모양을 보게 된다면 고전주의 건축물이라 느껴진다고 해도 된다. 그 정도의 형태적

서양 건축사를
대표하는 양식들

그리스 고전주의
Classical Greek

로마네스크
Romanesque

고딕
Gothic

파르테논 신전

트리어 대성당

노트르담 대성당

서양 건축 양식은 그리스의 고전주의를 맨처음으로 꼽을 수 있다. 파르테논 신전이 대표적이다. 그리고 로마 제국 멸망 후의 로마네스크. 작은 벽돌과 같은 부재를 많이 쌓아 만든 육중한 벽체가 주요 특징이다. 고딕은 유럽 도시에서 흔히 만날 수 있는 높은 첨탑, 뾰족한 지붕 그리고 지붕 위 돔으로 상징된다.

르네상스 **Renaissance**	바로크 **Baroque**	로코코 **Rococo**

파치 예배당	성 베드로 대성당	산 카를로 알레 콰트로 폰타네 성당

고전주의의 '복고'를 추구하면서도 좀 다른 르네상스. 그리고 절대 왕정 시대의 권력과 강함을 건축으로 표현한 바로크와, 바로크 양식의 거대한 규모에 섬세한 장식이 풍부하게 더해진 로코코까지 이들이 서양 건축사를 대표하는 양식들이다.

특징이라면 고전주의라고 불러서 안 될 것도 없는 데다가 '느껴진다'라는 표현을 사용하지 않았는가. 이 정도면 실수가 좀 있더라도 너그러이 용서받을 것이다.

로마네스크는 사실 건축사적으로 볼 때 그리 중요하게 취급되는 양식은 아니다. 그럼에도 형태에 관해 이야기할 때는 반드시 거론할 필요가 있다. 벽돌로 쌓은 넓은 벽면을 거론할 때 효과적으로 사용할 수 있는 것이면서, 이 사례들이 어느 시기를 막론하고 나타나기 때문이다. 작은 벽돌과 같은 부재를 많이 쌓아서 만든 '조적'으로 이루어진 육중한 벽체를 만나게 되면 로마네스크풍이라고 하면 된다. 여기서도 '풍'이라는 수식어를 슬그머니 집어넣었다. '느껴진다'라는 표현과 비슷한 용도다.

고딕은 유럽 유명 도시의 성당을 떠올리면 된다. 높은 첨탑, 뾰족한 지붕 그리고 지붕 위 돔 정도면 고딕을 시각적으로 골라내는 데 부족함이 없다.

르네상스가 좀 어렵다. 미묘한 맛이 있다는 의미다. 르네상스는 어느 정도는 그리스 로마 양식의 '복고'라는 의미가 있다. 그런데 고전주의를 직설적으로 고증한 게 아니다. 고전주의 건축이 지향하는 질서를 구현한다고들 하는데, 그 질서는 건축물 전체를 구성하는 부분들 간 특별한 비례 관계에 의해 만들어진다. '르네상스 맛이 난다'라는 표현은 일단 건물 규모가 좀 작고, 다수의 여러 요소로 구성되는 형태에서 그들 간 조화가 느껴질 때 흔히 쓴다.

바로크는 얘기가 쉽다. 일단 가장 뚜렷한 특징은 건물 규모다. 크고 장식이 대담하다. 또 과잉 설계를 특징으로 들 수 있다. 구조적 부재가 건물 규모에 비해 지나치게 크다. 기둥은 상부의 무게를 받아 지면으로 전달하는데, 그 역할을 하기에 필요 이상으로 크게 만들었다면 바로크적이라 해도 된다. 또 한 가지, 장식을 대담하게 사용했다고 했는데, 여기에 교묘한 '헤징(hedging)'을 숨겨 놓았다. 장식이 '풍부하다'가 아닌 '대담하다'라는 표현에 주목하기 바란다. 흔히 조각과 회화가 장식으로 쓰이는데, 이것들이 큼직큼직 자리 잡고 있어 건물의 보조 수단이 아니라 마치 그것 자체가 주인인 양 행세한다는 뜻이다.

로코코의 특징은 바로크 장식의 대담함을 풍부함과 섬세함으로 대신한다는 점이다. 작은 규모의 성당이나 궁인데 장식이 풍부하고 섬세하면 로코코라고 불러도 좋다. 로코코를 끝으로 서양 역사주의 양식의 시대는 막을 내린다. 로코코 시대는 대략 1700년대 초반까지다. 이후로도 역사주의 양식 건물이 지어졌다. 하지만 그 이후 건물들은 대개 이전 양식의 변형이거나 조합이다. 그래서 과거 양식에 '신' 혹은 '네오'라는 접두사를 붙이거나, 무엇과 무엇을 '절충'한 형태라고 표현한다.

명동성당이 네오고딕이라면 조선총독부는 바로크에 가깝고 신세계 백화점과 화신 백화점은 절충주의 정도로 보면 된다. 경성우편국과 조선은행도 절충주의로 볼 수 있다. 명동성당, 조선총독부, 경성부청사 등의 건물이 들어설 무렵에는 그들도 거리의 낯선 풍경이었다. 1961년 정부청사와 마찬가지로. 그런데 이들과 1961년 정부청사 사이에는 큰 차이가 있다. 다 같이 낯선 풍경으로 시작했지만, 명동성당을 비롯한 역사주의 양식 건물들은 독특하지만 '친숙'하게 남았다. 반면, 1961년 정부청사는 지금 우리 도시에서 흔히 볼 수 있는 '익숙한' 풍경이 되었다.

전 세계 어디서나 마주치는 그 녀석

모더니즘은 어떻게 이 땅에 들어왔나

조선총독부는 낯설었지만 '친숙한' 풍경이 되었고, 1961년 정부청사는 낯설었지만 '익숙한' 풍경이 되었다. 이 둘의 운명은 어떻게 엇갈린 걸까?

준공 당시 정부청사는 '현대식'이어서 낯설었다. 콘크리트와 유리라는 재료가 새로워서 낯설었지만, 가장 이질적인 것은 역시 형태였다. 형태적 특징은 당시 공공건물에 주로 사용되던 역사주의 양식과 확연히 달랐다. 우선 역사주의 양식 건물이 대체로 머리, 몸통, 다리로 구성됐다면 이 건물은 머리도 다리도 없다.

머리는 대개 경사지붕을 얹으면서 생기는데, 정부청사는 평평한 지붕을 사용했다. 경사지붕의 설치는 빗물 배수를 위해서다. 빗물의 배수가 중요한 까닭은 지붕 재료와 연관 있다. 지붕을 기와 같은

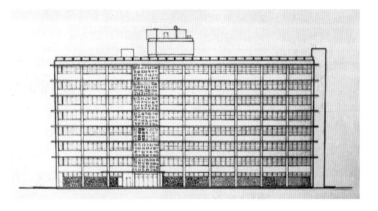

1961년에 지어진 정부청사의 입면도.
평지붕을 사용하면서 머리가 없는 모양이 됐다. 또, 기단부를 생략하면서 다리는 없고 몸통만
있는 모양새가 되었다.

작은 부재를 조합해 설치할 경우 부재 간 틈새로 물이 스며들 수 있
다. 이 가능성을 최소화하려면 지붕의 물매(기울기)를 급하게 해 빗
물이 빨리 내려가도록 하면 된다. 정부청사는 철근콘크리트를 사용
하기 때문에 이 문제로부터 해방됐다.

평평한 지붕을 만들면서 시공의 수고로움도 덜었다. 공법이 간단
해지면 공사비 절약도 가능하다. 평지붕은 경사지붕의 단점을 피해
갈 수 있을 뿐만 아니라 다른 장점도 있다. 옥상을 쓸 수 있다. 유휴
공간으로 쓰거나, 여러 가지 설비 활용 공간으로 제격이다.

정부청사에는 다리도 없다. 별도의 기단을 만들어 건물 몸통을
들어 올리지도 않았고, 하단부를 다르게 처리해 기단처럼 보이게
하지 않았다. 그저 몸통만 있다. 몸통 치장 또한 단순 명쾌하다. 기

등과 보 역할을 하는 슬래브를 정면(주입면)에 돌출해 구조를 그대로 보여준다. 무게를 지탱하는 임무에서 벗어난 벽체는 햇빛을 최대한 받아들일 수 있도록 유리를 썼다. 한 층 전체 높이를 유리로 하지 않았다. 바닥에서 가슴 높이 정도까지 벽돌을 쌓아 시각을 차단하고 사람이 떨어지지 않게 했다.

중앙부 한 칸을 치장 벽돌로 살짝 치장했다. 그 외에는 온전히 건물의 기능에 초점이 맞춰져 있다. 매스와 장식을 배제하고 건물의 기능에 충실하게 디자인됐다. 이 정도 설명이면 1961년 정부청사가 어떤 양식의 건물에 해당하는지 분명히 알 수 있을 것이다. '국제주의 양식'이다.

국제주의 양식의 뿌리는 로스 하우스다. 빈의 낯선 풍경에서 시작해 유럽 당대 건축을 대표하는 모더니즘으로, 그리고 필립 존슨과 러셀 히치콕에 의해 국제주의 양식으로 진화했다. 이 신제품은 미국에서 성행하여 제2차 세계대전 전후 복구사업이란 명목으로 전 세계로 퍼져 나갔다. 우리나라도 예외는 아니었다. 1961년 정부청사를 계기로 이 땅에도 국제주의 양식이 들어왔다.

비슷한 시기에 우리 거리에 낯선 풍경으로 등장한 유사한 건물들이 몇몇 있다. '우남회관'에서 시작된 '서울시민회관(현재 세종문화회관 자리)', '김포공항'이 그렇다. 이들 모두 콘크리트와 유리라는 신식 재료를 썼고, 역사주의 양식과 무관한 형태이며, 단순한 매스와 장식의 배제가 특징이다. 건물의 기능에 충실한, 즉 국제주의 양식으로 지어졌다.

정부청사나 서울시민회관, 김포공항은 이후 건물의 전형적인 모범이 되었을 뿐 아니라 미국식 문화와 현대적 감각이라는 '정신적 가치'도 이 땅에 스며들게 했다. 일본을 무릎 꿇게 하고 한국에 독립을 가져다준 미국을 통해, '현대적'이란 수식어를 달고 들어오는 건축 양식에 거부감을 느낄 사람은 없었다.

국제주의 양식이 한국 건축의 주도적 경향이 되는 데는 다른 이유도 있었다. 국제주의 양식을 버무린 미국식 문화 상품의 유행을 효과적으로 뒷받침한 것이 있다. 교육이다. 물고기를 주지 말고 잡는 법을 알려줘야 한다는 얘기가 묘하게 비틀려 적용된다. 미국은 현대식 건물을 하나 달랑 지어주는 것만이 아니라 건물 짓는 방법을 가르쳐 주었다.

1955년부터 1961년까지 진행된 '미네소타 프로젝트(Minnesota project)'라는 사업이 있었다. 미국은 전후 복구 사업을 명분으로 수혜국들에 건물 등 하드웨어뿐만 아니라 지식, 기술 같은 소프트웨어도 함께 전수했다. 이 과정에서 가장 효과를 발휘한 게 교육이다. 특히 대학 교육. 대학 교육은 매우 실용적이다. 단기간에 현장 지식과 실용 기술을 가르칠 수 있기 때문이다.

미국은 미국 내 대학 가운데 교육 사업을 수행할 학교를 공모했다. 그리고 이들 학교에 재원을 지원해 지식과 기술을 대상 국가에 전해주도록 했다. 이 프로젝트에서 한국을 담당한 대학이 미네소타다. 미네소타대학에서는 한국 대학의 교원들을 미국으로 초청해 지식과 기술을 가르쳤다.

미네소타대학과 교류한 한국 대학은 서울대학교였다. 서울대 건축과도 프로젝트의 수혜 대상이었다. 세 명의 교원이 미국으로 초청됐다. 실무와 밀접한 건축학과의 특성상 미국 건축설계 및 시공 산업체를 견학할 기회가 많았다. 신기술과 지식은 차곡차곡 쌓였다.

서울대가 우리나라에 미친 영향력이 매우 컸으리라는 점은 상상하기 어렵지 않다. 정부청사나 우남회관, 김포공항을 통해 이미 들어온 미국판 국제주의 양식은 미네소타 프로젝트 덕분에 더욱 주류가 되어간다. 미국풍은 한국 건축의 모범적 전형이 된다.

기능적 측면에서 의심할 바 없이 뛰어난 신기술과 신소재, 미국이란 나라의 권위 그리고 미국식 교육의 영향을 받은 국내 학계의 뒷받침으로 한때 낯선 풍경이었던 국제주의 양식은 곧 우리에게 익숙한 스타일이 되었다.

국제주의 양식이 한국에 유입된 유일한 모더니즘?

우리나라로 모더니즘이 유입된 경로가 앞서 언급한 사례만 있는 게 아니다. 정부청사가 지어지기 훨씬 전에도 모더니즘 건축은 이 땅에 있었다. 대표적인 사례가 '경성부민관'이다.

1934년, 태평로를 사이에 두고 경성부 청사 맞은편에 경성부민관이 들어섰다. 경성부는 당시 서울의 이름이다. 그러니까 경성부민관은 서울시민회관이나 마찬가지다. 이 건물의 등장도 낯선 풍경이기는 마찬가지였다. 굳이 정도의 차이를 따지자면 정부청사보다는 덜했을 것이다. 큰 차이는 유리 사용 면적에서 나타났다. 정부청사에서 유리가 전체 입면 중 반을 차지한다면 부민관은 정부청사의 20분의 1이나 될까.

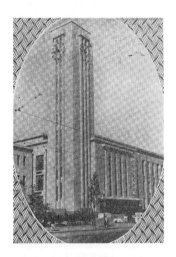

경성부민관은 전체적인 형상으로 볼 때 분명 모더니즘 계열 건축물이지만, 1961년 정부청사와는 느낌이 사뭇 다르다. 무엇보다도 머리·몸통·다리가 표현되는 점에서 그렇다.

정부청사는 유리를 많이 쓰면서 현대적인 느낌이 더 났다. 그 점을 제외하면 둘 다 모더니즘 건축이라 부를 수 있다. 단순한 매스와 장식 배제는 두 건축물 모두 적용된다. 그래도 자세히 들여다보면 차이가 좀 난다.

분명한 건, 경성부민관은 머리·몸통·다리가 제법 구분돼 있다는 점이다. 우선 머리부터 보자. 지붕은 평지붕이지만 큰 직육면체 위에 작은 직육면체를 쌓아 올리는 방식으로 위로 올라가면서 좁아지는 입면을 구현하고 있다. 얼핏 삼각형 박공지붕이 연상된다. 이런 방식은 이 땅에서 아주 오랜 전통이 있다. 고구려 장군총이 대표 사례다. 부민관은 크게 매스 세 덩이로 구성되는데 이런 방식이 모두 일관되게 적용돼 있다.

건물을 기단 위에 올리고, 하단부를 반지하 형태로 만들면서 이 부분의 재료를 달리한다. 그리고 쌓는 수법에 차이를 두어 기단처럼 보이게 한다. 확연하게 다리를 갖춘 모양새다. 머리와 다리 사이에 몸통이 들어가는데, 장식인 듯 아닌 듯한 형상이 덧붙어 있다. 역사주의 양식처럼 확연히 드러나게 장식을 사용하지는 않지만, 주출입구 상부에 열주랑과 유사한 형태의 기둥이 조밀하게 서 있다. 기둥 같기도 하고, 창문을 뚫고 남은 벽처럼 보이기도 하지만, 기둥 상부를 연결하는 수평 방향의 보를 보면 그리스 신전의 아키트레이브가 쉽게 떠오른다. 창문 또한 하인방을 기능적인 필요 이상으로 돌출시켜 충분히 장식적으로 보인다.

경성부민관은 꽤나 모던한, 소위 모더니즘 건축의 한 계열이라고 봐도 무리가 없다. 그런데 유럽의 모더니즘과 비교해 보면 역사주의 양식적 표현이 적지 않게 가미된 것을 볼 수 있다. 왜 그랬을까?

일단 유럽 모더니즘이 일본을 거쳐 이 땅에 들어오면서 일본식 미감이 부가되었기 때문이다. 한편 열주랑, 아키트레이브 등 형태 요소들이 유럽에서는 분명한 역사주의 건축 언어였지만, 당시 그런 건물을 접한 적이 없었던 조선인들 눈에는 그저 다른 새로운 형태로만 보일 거라 믿었기 때문이다.

경성부민관은 우남회관과 형태적으로 매우 유사하다. 우남회관에서 창문 면적이 더 넓어지고 유리라는 현대적인 재료가 더 많이 쓰인 점, 그리고 상부 '머리'가 사라진 점을 제외하면 그렇다. 특히 모서리에 붙여 놓은 탑이 두 건물의 유사성을 증폭시킨다. 한 가지 더, 세로로 긴 창을 사용하면서 창의 좌우 벽을 열주랑처럼 보이게 한 디자인도 유사함을 더했다. 열주랑은 그리스 건축을 흉내 내는 신고전주의 양식에서 권위를 드러내 보이는 수단으로 애용됐다. 시민회관이 시민을 위한 공간이기는 하지만, 권위주의가 일상이었던 시대상을 생각해 보면 열주랑을 떠올리도록 설계한 이유를 충분히 짐작할 수 있다.

부민관의 모더니즘 또한, 새롭게 도입될 건축 유형으로 평가되었던 게 틀림없다. 이렇게 보면 당시 한국에는 두 계열의 모더니즘이 공존하고 있었던 셈이다. 미국을 거쳐 '국제주의'라는 이름으로 들어온 모더니즘과, 일본을 거쳐 일본풍을 덧씌운 모더니즘이다.

창문 면적이 더 넓어지고 유리가 많이 쓰인 우남회관.

이 두 계열이 크게 다툰 적도 없다. 경성부민관을 이어가는 듯 보이는 우남회관류의 모더니즘은 상당히 예외적인 것이었다. 대부분은 정부청사 유형이었다. 아마 콘크리트와 유리 활용에 어느 게 더 적합한지가 선택을 가르는 요소였을 것이다. 물론 일본풍은 거부해야 마땅한 것이고 미국풍은 좋은 것이라는 사회 풍조도 한몫했다. 서울대를 통해 들어온 미국 건축의 영향력 또한 무시할 수 없다.

세계 어디서나 비슷한 건물을 만나는 까닭

국제주의 양식은 이름 그대로 국제주의 건축이 되었다. 국제적(international)이 아니고 국제주의적이 되었다. '국제적'과 '국제주의'를 굳이 나누고자 한다. 원래 생산 본거지가 있어 그게 전 세계적으로 통용된다면 그것을 국제적이라고 부른다. 원칙과 개념은 본거지의 것이고 이외 지역에서는 원래의 방식을 그대로 적용하는 것, 그게 국제적이다. 국제주의는 본거지가 따로 없는 상태를 말한다. 시작점은 있되 모든 지역에서 같은 이념을 공유하고 그에 따른 생산 방식을 공유한다. 둘을 구분하는 까닭은 국제주의 양식이 형태만의 문제가 아니라는 점을 분명하게 말하고 싶기 때문이다. 국제주의는 형태와 함께 형태를 만드는 방식, 그리고 왜 그 형태를 그 방식으로 만들어야 하는지가 당사자 간에 공유돼야 했다.

우리나라에 들어온 건축 양식은 국제주의만이 아니다. 이후 포스트모더니즘이, 그리고 해체주의가 유입됐다. 그리고 지금도 지구

어딘가에서 유행하는 무엇이 흘러들어오고 있다. 새로운 사조가 유행한다면 새로이 멋진 이름을 선사 받겠지만, 아직 그런 게 두드러지게 보이지 않는다. 포스트모더니즘이나 해체주의는 '국제적'인 것의 사례다.

국제주의 양식은 '다 같이 살자'라는 메시지가 밑바탕에 깔려있다. 이 부분이 가물가물하다면 앞장의 아돌프 로스를 돌아보면 된다. 국제주의 양식이 진정한 '국제주의'가 된 것은 신재료와 신기술, 미국 문화의 압도적 영향, 전후 복구사업 등의 영향이기도 하지만, 그보다 중요한 것은 나눠 가져도 좋을 만한 가치를 발견했기 때문이다.

서울·도쿄·홍콩·방콕의 사진을 한자리에 모아 보자. 이름 붙이지 않았더니 구분할 수 없다. 모두 똑같은, 쌍둥이 도시가 되었다. 마치 정부청사와 미 대사관 쌍둥이 건물처럼. 많은 이가 국제주의가 가져온 결과를 비난한다. 모든 도시를 똑같이 만들었다고. 도시는 저마다 특징적인 가치와 형태를 지닐 자격이 있는데도 그렇게 되었다고. 나는 이런 맹목적인 비난에 동의하지 않는다. 다시 칠십 년 전으로 돌아가 전후의 폐허에서 헤맨다면 우리는 또 국제주의를 어렵지 않게 받아들일 것이기에.

01
02

국제주의는 한국뿐만 아니라 많은 나라로 확산했다. 그리고 유행했다. 화려함은 덜해도 더 많은 사람이 좀 더 쾌적한 공간에서 일상을 누릴 수 있게 되었다. 비록 건물 형태는 똑같아졌지만.

제2부 　다 같을 필요는 없다

포스트모더니즘

건축의 포스트모더니즘은
형태의 미학과는 거리가 있다.
세상에 유일한 진리가 있는지 회의했으며,
선한 건축의 가능성에도 의문을 품었다.
건축이 다 같을 필요는
어디에도 존재하지 않게 되었다.

주요 건축물

퐁피두 센터

솔크 연구소

홍콩 상하이 뱅크

주요 건축가

로이드 사옥

렌조 피아노

프루트 이고

리처드 로저스

포틀랜드 공공청사

루이스 칸

디즈니월드 돌핀 호텔

노먼 포스터

전주시청사

마이클 그레이브스

국립중앙박물관

로버트 벤츄리

한국전력 강릉지사

01

기계에서 희망을 찾은 유럽 건축가

모든 건물이 다 같을 필요는 없다

유럽에서 모더니즘이 지겨워질 무렵인 1977년, 파리에 낯선 풍경이
등장했다. 바로 '퐁피두 센터(Centre Georges-Pompidou)'다. 모더니즘
건축이 재미없다는 불평은 건축가 자신들로부터 먼저 터져 나왔다.
CIAM이라는 단체를 만들어 "건축은 이렇게 해야 하네.", "저래야
지."하며 훈시하던 시절도 있었다. 지금으로서는 상상할 수 없는 일
이다.

요즘은 개성이 판친다. 그 무엇도 정답이 없다. 상황에 맞는 답이
있을 뿐이고, 그렇지만 우리는 맥락이 뒤집히는 장면을 바라보길
즐긴다. 이쯤 되면 훈수조차 내뱉을 수 없다. '이래라저래라'는 답이
있거나 혹은 답이 있다고 믿을 때나 가능한 소리다.

모더니즘이 대세이던 때, 사람들은 건축에 정답이 있다고 믿었다. 제1차 세계대전 종전부터 제2차 세계대전의 뒷마무리가 대체로 끝나갈 무렵까지가 그랬다. 이때는 정답이 있었다. 누가 지시해도 말을 잘 들었다. 세계대전이라는 큰일을 겪는 동안, 정답이 있다면서 비슷한 해법을 요구해도 별다른 토를 달지 않았다. 하지만 큰일은 지나갔다는 생각이 들었을 때, 사람들은 이래라저래라에 질렸다는 표정을 숨기지 않았다. 왜 꼭 그래야만 되는데?

'왜 꼭 그래야 하는데'라고 적고 보니, 우리 집 아이가 떠오른다. 어릴 때는 부모 말을 잘 들었다. 이래라저래라하면 곧잘 '네' 대답하던 아이는 이제는 '왜 꼭 그래야 하는데'라고 따진다. 이제 뭘 좀 안다는 뜻이다. 자기도 생각이 있고 문제가 생기면 스스로 해결할 수 있다고 믿는 것이다.

건축가 집단에서도 똑같은 일이 일어났다. CIAM이 제6차에 이르렀을 때의 일이다. 상황에 대한 보편적 인식과 보편적 인식에 기반을 둔 보편적 해결책에 반발이 일기 시작했다.

예전엔 현실적인 이유가 있었다. 전후 피해 복구가 가장 중요했고, 부자만 잘 먹고 잘살려 하면 또 큰일을 치를 수도 있겠다는 우려가 있었다. 그런 일은 반드시 피해야 했다.

하지만 제아무리 비극적인 사건도 시간이 지나면 잊힌다. 게다가 세계대전을 직접 체험하지 않은 세대가 이 세상의 주역으로 성장하기 시작하면서 그 쓰라린 경험이 강요했던 맥락은 희미해졌다.

이제 보편적 접근이 아닌 하나하나의 특수 상황에 초점이 맞춰지기 시작했다. 보편적 사고가 통용되던 당시에도 개별 특수성이 지나치게 무시되고 있다는 불만이 터져 나오긴 했다. 그래도 참을 수밖에 없었다. 시대가 그렇게 말하고 있었으니, 각자의 특별한 요구나 욕구는 넣어두라고. 사회가 한목소리를 낼 때 나만 문제를 끄집어내기 쉽지 않다.

시간이 흘러 단순한 매스만 고집할 필요 없이, 장식 사용을 절대적으로 배제할 필요 없이, 건축공간의 역할을 다양하게 고민할 수 있게 됐다. 과거 르 코르뷔지에의 도미노 이론 같은 것은 '왜 필요했을까'라고 자문할 정도가 됐다.

훈시하는 사람이 없어지면 이제부터 각자 문제를 해결해야 한다. 모더니즘의 훈시가 없어지자 건축가들은 자기만의 해결책을 찾아야 했다. 건축가들은 '영감'이 필요해졌다.

모든 예술은 영감을 찾는다. 그 영감의 정의를 누군가 묻는다면 구체적이면서 듣는 이가 속 시원할 정도로 분명히 얘기할 사람은 별로 없을 것이다. 굳이 말한다면 어떤 이는 콘셉트를, 또 어떤 창작자는 작품 전체의 존재감을 돋보여주는 계시 같은 것을 얘기하지 않을까.

퐁피두 센터의 건축가는 어디서 아이디어를 얻었을까

영감이 무엇인지 얘기하기는 어렵지만, 영감이 필요하지 않은 경우를 말하는 건 상대적으로 쉽다. 공식을 이용해 문제를 푼다면, 영감은 필요 없다. 변수의 값을 공식에 집어넣으면 해결책은 저절로 나온다. 영감이 필요한 때는 이런 공식이 통용되지 않는 상황을 의미

퐁피두 센터를 짓기 위해서는 건축공간의 기능에 대한 새로운 정의가 필요했다.

한다. 공식 자체를 매번 새로 만들어야 한다. 이 세상에 없던 공식을 창조하기 위해 '마음에 무언가가 떠오른다'라는 식의 접근이 필요하다. 여기서 자극이 효과적으로 쓰인다. 창작자들은 자신들에게 자극을 줄 무언가를 애타게 찾는다.

모더니즘의 구속에서 벗어난 건축가들은 다양한 방법으로 자신만의 해법을 찾았다. 그중 눈에 띄는 게 바로 렌조 피아노(Renzo Piano)와 리처드 로저스(Richard Rogers)의 퐁피두 센터다. 이들은 기계에서 자극을 찾았다. 기계가 영감의 원천이 된 것이다.

퐁피두 센터는 기능 자체가 예전 건축과는 다르다. 집이라면 집, 사무실이라면 사무실, 공장이라면 공장이어야 했는데, 퐁피두 센터의 역할은 선례가 없었다. 당시 두 건축가는 건물이 어떤 역할을 해야 할지를 규정하는 것부터 작업을 시작해야 했다.

이들이 새로운 것을 시도하는 데 호의적인, 다른 시각에서 보자

면 새로운 것에 도전할 수밖에 없었던 또 다른 조건도 있었다. 낙후
된 도심 재개발 이슈였다. 이 또한 전에 없던 시도였다. 이전 건축
에서는 도시적 맥락이 건축물이 해야 할 역할의 상당 부분을 결정
했다. 퐁피두 센터는 달랐다. 도시를 되살리는, 즉 도시적 맥락을 재
정립하는 일이 선행돼야 했다.

이전 건축 작업이 특별하게 요구되는 기능에 세세하게 맞추는 대
응이었다면, 이번엔 좀 달랐다. '종합 관광 안내 센터'라는 이름으로
부를 수도 있지만, 구체적으로 어떤 기능이 들어가야 할지 모르는
건 당연지사. 게다가 그 안에 수용할 기능이 미래에 달라질 수 있다
는 점도 염두에 두어야 했다. 퐁피두 센터 설계에는 '필요한' 기능을
수용하는 공간을 만드는 작업이 아니라 '필요해질' 기능을 수용하는
융통성이 필요했다. 그래서 렌조 피아노와 리처드 로저스는 넓은 공
간을 만들고 필요에 따라 공간을 재배치할 수 있는 안을 구상했다.

사람이 거주하면서 사용하는 공간을 만들 때는 항상 그 공간을 지원해 줄 공간이 뒤따라야 한다. 인간의 신체를 예로 들면, 근육이 힘을 발휘하기 위해서는 핏줄이 필요하다. 활동 결과로 발생하는 노폐물을 처리하기 위한 배뇨 기관도 있어야 한다. 건물도 마찬가지다. 건물에는 물과 전기, 신선한 공기가 필요하다. 실내 환경에 사용된 물과 탁해진 공기는 배출돼야 한다. 이를 해 줄 장치들을 통칭, 설비라 부른다. 거주공간과 설비공간은 항상 붙어 있어야 한다.

퐁피두 센터를 설계하는 도중, 설비공간을 사용 공간에 붙여야 한다는 조건 때문에 넓은 공간을 만드는 데 장애가 생겼다. 두 건축가는 해결책으로 넓은 거주공간을 중앙에 몰고 바깥쪽에 설비공간을 배치했다. 왜 그 반대는 안 되는가, 의문이 생길 수 있다. 잠깐 생각해 보면 알겠지만, 여기에는 문제가 있다. 거주공간이 설비공간에 의해 쪼개진다. 넓은 공간을 통으로 마련하자면 두 건축가의 접근법이 제법 자연스럽다.

렌조 피아노와 리처드 로저스만이 이 문제의 답을 내놓은 것은 아니다. 이전에도 있었다. 루이스 칸(Louis Isadore Kahn)이다. 그는 '서번트(servant)'와 '서브드(served)'로 공간을 나눴다. 서번트는 설비공간이고 서브드는 거주공간이라고 보면 된다. 이 개념은 렌조 피아노와 리처드 로저스의 그것과 같지만, 구성에 큰 차이가 있다.

루이스 칸은 건축물의 공간을 크게 둘로 나눴다. 그러나 두 건축가는 하나의 영역(설비)이 다른 영역(거주)을 둘러싸게 했다. 외부에서 보면 두 건축가의 방식이 설비공간을 훨씬 많이 노출한다. 장식의도가 적잖이 묻어난다.

바깥으로 밀려난 설비 공간은 외부에 그대로 드러났다. 예전 방

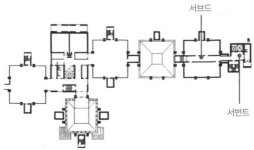

서브드

서번트

루이스 칸이 설계한 리처드 의학 연구소 외관과 평면도.
서번트는 기계나 전기, 소방 등 건축물의 관리를 위한 설비공간이고 서브드는 사용자가 머무는
거주공간이라고 보면 된다.

식이라면 불투명한 재료로 가려야 할 텐데 그렇지 않았다. 밖에서 보이도록 했다. 오히려 설비공간을 구성하는 기계 장치들이 잘 보일 수 있게 했다. 공간을 통으로 사용하겠다는 순전히 기능적인 이유였지만, 기왕 그리됐으니 기계 장치를 장식으로 쓴 것이다. 기계 형상이 제법 사람들의 눈길을 끌 만큼 독특하지 않은가? 퐁피두 센터 이후, 이와 유사한 건축적 경향을 지칭할 때 사용하는 이름이 탄생했다. 레이트 모더니즘(Late Modernism) 혹은 하이테크 건축(High-Tech Architecture)이다.

레이트 모더니즘은 말 그대로 '후기 모더니즘'이라는 뜻이다. 모더니즘과 크게 다르지 않다는 말인데, 이렇게 속 편히 부를 수 있는 까닭은 과거 역사주의 양식으로 돌아갈 가능성이 거의 없기 때문이다. 일반적인 모더니즘에서 변화가 전혀 없던 것은 아니지만 그 변화가 과거 어떤 것과도 유사하지 않다면, 일단 좀 더 두고 봐야 한다. 이럴 때 흔히 '레이트(late)'라는 단어를 붙여 구분 짓는다. 레이트 모더니즘이라는 명칭은 이렇게 탄생했다.

퐁피두 센터의 건축가는 설비, 즉 건물이 제 기능을 다할 수 있도록 지원하는 기계 장치들을 멋지게 노출하려 꽤 노력했다. 기계 장치는 필수 요소니 장식이라 볼 수 없다. 하지만 기계 장치를 특정 방식으로 꾸며 노출한다면, 장식과 장식 배제의 경계에서 줄타기를 시작한 것으로 볼 수 있다.

설비 기계들이 엮여 연출된 장면이 일종의 장식처럼 다가온다. 퐁피두 센터를 마주하면 사람들은 거대한 기계 장치 앞에 서 있다는 느낌을 받는다.

기계가 주는 느낌에 주의를 기울일 필요가 있다. 그리고 '거대하다'라는 점도 고려하자. 이 기계에 대해 뭐라고 말할까? 적어도 '예쁘다', '귀엽다', '사랑스럽다' 등의 표현은 어울리지 않는다. 기계음 가득한 공장에서 하루 열두 시간 이상 일하고, 주물 판에 끼어 다치고, 때로는 동료가 압착 사고로 죽는 걸 목격하는 경험이 있는 사람이라면 기계가 전혀 사랑스러울 리 없다. 이 사람에게는 기계가 공포의 대상이다. 반면, 공장주라면 어떨까? 사고가 똑같이 두렵긴 하겠지만, 기계가 굉음을 내며 벌어다 주는 돈을 생각하면 사랑스러워 보이지 않을까. 그렇다면 1970년대 유럽인들은 기계와 관련해 어떤 경험을 했고, 어떤 기대를 하고 있었을까?

믿을 수 있는 것에
뿌리를 둔 마술사
렌조 피아노, 1937-

렌조 피아노는 퐁피두 센터로 새로운 감성과 호기심을 불러일으키며 하이테크 건축을 탄생시켰다. 그는 예술과 공학을 융합시킨 새로운 구조의 건축을 시도했다. 그의 작품은 이성적 과학과 기술을 기반으로 자연과의 공존 '지속 가능성의 건축 미학'을 추구하고 있다. 그의 창의적 상상력은 새로운 작품마다 고유한 접근 방식과 기술적 도전으로 우리에게 시대의 혁신을 선보이고 있다.

기계, 영감의 원천이 되다

당시 유럽은 '기계주의'라는 새로운 미학을 접하고 있었다. 기계를 미적 대상으로 보기 시작한 것이다. 이렇게 된 까닭은 자연을 모방하는 데 싫증이 났기 때문이다. 대개 아름다움에 대한 감상은 자연으로부터 비롯된다. 좀 더 풀어 말하자면 아름다움의 근원을 자연에서 파악한 것이다. 이는 대단히 오랜 기간 서양에서 미에 대한 관념의 중추를 이뤘던 미학인데, 그 시간의 길이로 보니 질릴 만했다. 여기서 더 중요한 건 자연의 아름다움을 모방하는 게 별 의미 없다는 생각을 하게 됐다는 것이다. 이른바 '재현의 위기'다.

이전 시대 사람들은 자연 존재를 재현하는 과정에서 그 대상의 아름다움과 진리가 드러나게 할 수 있다고 여겼다. 하지만 재현의 위기는 그 발상을 힘들게 했다. 왜 재현의 위기가 나타나게 됐을까? 굳이 철학을 들먹거리지 않아도 좋다.

예를 들어보겠다. 어떤 자연물이 눈앞에 있다고 하자. 그것을 회화로 재현한다. 그림에 재현된 대상에서 '아름다움(선함)'을 느낀다. 여기까지는 재현 예술이 예술의 한 방편으로 잘 작동하고 있다는 얘기다. 이제부터 잘 작동하지 못하는 경우를 생각해 보자.

첫째, 재현 대상이 된 자연물 자체의 아름다움에 의문을 제기하면 재현 예술의 시작점이 흔들린다. 이때는 다른 시작점을 찾는 것이 좋겠다는 생각이 든다. 이것을 좀 그럴듯하게 표현하자면 '참조점 소실(loss of reference)'이다.

둘째, 아름다움의 대상을 잘 표현했느냐의 문제다. 그림이 아름다움을 잘 표현했다면 좋은데 그렇지 못하면 우리는 엉뚱한 대상을 보고 아름답다고 생각하는 꼴이 된다. 대상 자체와 그려진 대상의 관계가 고정적이라면, 그림을 보고 느끼는 아름다움이 대상 자체의 아름다움이라 해도 큰 문제가 없다.

하지만 고정적이 아니라면 상황이 달라진다. 대상이 실물과 다르게 그려질 수도 있다. 그렇게 그려진 그림을 보고 아름다움을 느낀다면 그건 대상에 대한 아름다움이 아니다. 그림은 언제나 잘못 그려질 수 있다. '기호의 임의성(arbitrary nature of sign)' 문제다.

재현의 위기는 거의 모든 시각 예술에서 흔히 쓰이는 개념인데, 건축에서도 그렇다. 건축가는 대상과 관념의 연결을 포기하는 게 차라리 낫다는 생각을 하게 된다. 그러면 그다음에는 무엇이 오는가? 관념 대상을 '미의 시작점'으로 잡으면 된다. 대상을 재현하는 것이 아니라 관념을 재현하면 된다. 이게 흔히 말하는 추상 미술의 시작인데 건축에서도 그런 시도가 있었다. 퐁피두 센터가 그중 하나다. 퐁피두는 기계라는 관념을 창조하고 그를 모방하는 방식으로 아름다움을 창조하려 했다.

1970년대 유럽 지식인들의 기계에 대한 관념은 상당히 긍정적이었다. 기계는 이로운 것이며, '선(善)하다'는 인식이 피어올랐다. 선은 또 자연스레 아름다움으로 이어졌다. 결국, 기계가 펼쳐 줄 미래를 향한 기대도 증폭됐다. 미래의 기계는 '더 큰 이로움을 줄 것이며, 더 선함을 의미하며, 곧 더 큰 아름다움이다'라는 기계 미학이 탄생한 것이다. 기계에 대한 기대는 렌조 피아노나 리처드 로저스만의 것이 아니었다. 아키그램(Archigram)도, 젊은 청년이었던 울프 프릭스(Wolf Prix)도 그랬다. 이 시기 유럽 창작자들은 기계 미학에 매료돼 있었다.

기계 미학을 단적으로 보여주는 사례는 퐁피두 센터 외에도 많다. 우선 홍콩 상하이 뱅크(The Hongkong and Shanghai Banking Corporation)를 빼놓을 수 없다. 노먼 포스터(Norman Foster)의 작품이다. 런던에도 매우 눈에 띄는 사례가 있다. 로이드 사옥(Lloyd's of London)이다. 리처드 로저스의 작품이다. 이 두 건물 모두 멀리서 보면 거대한 기계나 로봇처럼 보인다.

이 건물들처럼 외관이 기계처럼 보이는 건축 양식을 '하이테크 건축'이라고 부르기도 한다. 레이트 모더니즘이 모더니즘과 크게

01   02

01 홍콩 상하이 뱅크.
02 로이드 사옥.

다르지 않으면서 과거 역사주의 양식과의 무관함을 강조했다면, 하이테크 건축은 이들이 지향했던 기계 미학을 좀 더 노골적으로 드러내고 있다.

파리·홍콩·런던의 트랜스포머 건축물은 낯선 풍경으로 등장했다. 시간이 흐르면서 이들은 독특한 하나의 친숙한 풍경이 되었지만, 익숙한 풍경을 만들어 내는 수준에 이르지 못했다.

유럽에서 기계로부터 새로운 미학의 원천을 찾고 있을 무렵, 미국에서도 비슷하면서 다른 일이 벌어지고 있었다. 모더니즘을 지켜 위하기 시작했다는 면에서는 비슷하지만, 미국 건축가들이 찾은 해결책은 유럽 건축가들과는 전혀 달랐다.

한샘의 건축가
리처드 로저스, 1933-2021

퐁피두 센터로 자신의 존재를 알렸고, 로이드 사옥을 통해 명성을 얻은 리처드 로저스. 그의 명성에는 '하이테크 건축가'라는 수식어가 늘 따라다닌다. 그래서 우리는 그의 건축 스타일을 하이테크 건축 스타일이라고 이해한다. 하지만 그에게 하이테크는 목적 그 자체가 아니다. 하이테크는 문제 해결 수단으로 도출된 결과물의 모습일 뿐이다. 그는 오히려 가장 합리적인 답을 추구한 모더니스트에 가깝다고 보는 게 더 맞을 것이다.

한샘은 로저스의 이런 면이 마음에 들었나 보다. 1990년대 주거 연구 프로젝트에 리처드 로저스를 고용했다. 미리 완성된 개별 세대를 거대한 기둥에 붙여나가는 방식으로 고층 주거를 형성하는 방법을 선보였다. 이 프로젝트는 구현되지는 못했다. 하지만 리처드 로저스는 2008년 한국 언론과의 인터뷰에서 당시의 아이디어가 사회적 프로젝트의 형태로 실현되었으면 좋겠다는 소망을 밝혔다.

미국 건축가,
역사에서 실마리를 찾다

프루트 이고 폭파에서 건축가는 무엇을 보았을까

모더니즘 건축이 지겨워지기 시작한 건 미국도 마찬가지다. CIAM 해산을 계기로 완고했던 모더니즘의 구속에서 벗어나게 되었으니, 새로운 뭔가를 찾아야 했다. 유럽 건축가들이 기계에서 아이디어를 얻은 것처럼 미국 건축가들도 영감의 원천이 필요했다.

하고 싶은 걸 해도 되는 때가 온다면 그 심정은 어떨까? 딱히 하고 싶은 게 있었는데 금지됐다면, 이제는 기회가 왔다고 좋아할 것이다. 그런데 마땅히 하고 싶던 게 없었더라면 좀 막막할 것이다. 미국 건축가들이 느꼈을 심정이다.

'같이 잘살자'라는 마음으로 시작한 초기 모더니즘은 정말로 선한 것이었다. 그래서 아름다운 것으로 어렵지 않게 미화될 수 있었다. 시대가 흐르면서 그 정도가 약해졌다. 선함에 기대고 있던 모더니즘의 아름다움에 회의가 스멀스멀 피어올랐다. 급기야 모더니즘은 억압 장치이자, 넘어야 할 장애물 취급을 받았다.

하버드 영문과 출신의 건축 비평가 찰스 젱크스(Charles Jencks)가 말한 '근대 건축의 종말'이 현실이 돼가고 있었다. 이를 확실히 보여 주는 사진 한 장이 있다. '프루트 이고(Pruitt Igoe)'라는 공동주택 단지를 폭파하는 장면이다.

이 건물은 건축상을 받기도 했다. 누구도 이 건물의 효용을 의심하지 않았다. 프루트 이고는 건축 공식, 이른바 모더니즘의 훈시를 충실히 따랐다. 그뿐만이 아니다. 이 건물이 더더욱 모더니즘의 정수가 될 수 있었던 까닭은 빈곤 계층을 위한 주거 공간 제공이라는, 선한 목적이 있었기 때문이다. 하지만 실패로 끝났다. 건물은 물리적으로 멀쩡했지만, 폭파 해체로 그 운명을 달리했다.

앞서도 수차례 얘기했지만, 한 번 더 강조할 이야기가 있다. 모더니즘 건축의 특징인 '단순한 매스와 장식 배제'는 그 자체가 목적이 아니라는 점이다. 한정된 자원을 더 많은 사람이, 특히 그간 빈곤에 허덕였던 사람들에게 골고루 나누는 방법의 결과로 나온 게 단순한 매스와 장식 배제란 점이다. 잊지 말자. 장식을 배제하고 단순한 매스로 지은 푸르트 이고는 모더니즘의 근본적 취지를 공표하는 상징적인 건물이었다.

불행하게도 푸르트 이고는 기대대로 기능하지 않았다. 문제는 단지 안에서 강력 범죄가 빈번하게 발생하면서 불거졌다. 건물의 물리적 형태가 범죄를 부추긴다는 생각이 퍼졌다. 물론 이 점을 전적으로 부인할 수는 없다.

프루트 이고 폭파 장면.

공동주택은 단독주택보다 더 많은 사람이 오가기 때문에 상호 감시 효과로 범죄 발생 빈도가 줄어들 것으로 기대됐다. 하지만 정반대 결과가 나타났다. 공용공간은 그 누구의 공간도 아니었다.

공유지에서는 비극이 잘 벌어진다. 사용해서 이득을 얻을 수 있는 공유지에서는 남용이 일어난다. 반면, 관리가 필요한 공유지는 방치되기도 한다. 프루트 이고에서는 방치가 빈번했다. 구석진 곳에서 범죄 상황을 목격해도 누구도 도와주지도, 관여하지도 않았다.

모더니즘의 상징이 철거라는 극단적 상황에 이르게 된 것은 단지 내 범죄 탓이었는데, 실상 범죄 발생의 책임을 공간 구조에 묻는 게 무리한 일이었다. 고밀도 공동주택이라는 공간 구조가 문제라면 홍콩, 싱가포르에서도 유사한 사건들이 빈번하게 벌어져야 했다. 당시 사람들은 사려 깊게 생각하지 않았다. 건물 철거가 범죄 예방 효과가 있을 거라고 판단했다. 정말 효과적이었을까? 물리적 공간의 문제가 아니라, 거주자의 주거 의식이 문제였다는 것을 전혀 몰랐을까?

프루트 이고 관계자들은 대책을 마련하기 전에 문제의 원천을 눈앞에서 치워버리고 싶었다. 이 단지가 철거되고 다른 곳으로 내몰린 저소득층에게는 정착한 그곳에서 비슷한 정도의 범죄에 시달리며 살 운명이 펼쳐졌다.

화가는 건축가의 선배다?

모더니즘이 시들해질 무렵, 건축가들이 겪었던 새로운 기회에 대한 환호와 갈 길을 잃은 막막한 심정을, 화가들은 이백 년 전쯤 이미 경험했다. 미술사에서 근대 미술이 탄생하는 순간이다. 미술사에서는 자크 루이 다비드(Jacques-Louis David)의 작품을 근대 미술의 효시라고 본다. 물론 그 시작점을 두고 수많은 이견이 있다. 하지만 여기서는 이 논지를 가져가고자 한다.

"화가가 지시를 받아 그리는 게 아니라 자기 생각에 따라 그리기 시작한 때가 근대 회화의 시작점이다."

근대 회화 이전에 화가들은 '붓이 달린 손'을 지닌 '기계'에 가까웠다. 주로 왕족이나 귀족, 성직자 등 고객의 손짓과 기호에 따라 움직였다. 과거 예술(Art)이 지금의 예술보다는 '기술(Techne)'에 더 가깝게 여겨진 사실을 다시 떠올려보자.

전 근대적 회화의 대표적인 예는 역사화다. 주로 조상의 업적을 자랑하고 싶은 후손이 그린다. 이런 경우라면 몇 대 조상이 어떤 전투에서 큰 승리를 거두었는데, 그 장면을 자신의 가문에게 유리하게 과장해서 그리라고 한다. 조상이 황제나 교황으로부터 작위를 받았는데, 이를 널리 알리려고 그림을 주문하는 일도 비일비재했다. 이런 역사화에서는 고객이 요구 사항을 구체적으로 전달했다.

근대 회화 이전 주요 고객은 교회였다. 교회에서 그림을 주문할 때도 앞선 설명과 마찬가지 광경이 펼쳐졌다. 성서에 나오는 장면

중 하나를 콕 집어 그려 달라고 주문하곤 했다. 시시콜콜 모든 등장 인물을 나열하지만 그들의 자세와 표정 등을 주문하지는 않았다. 화가 재량에 맡기는 듯했지만, 그건 시작 단계에만 해당했다. 그림이 구체성을 띠기 시작하면 자잘한 요구가 빗발쳤다. 이 사람은 빼고, 저이는 넣고, 자세는 어떻고, 표정은 또… 등등.

이런 시기를 지나, 드디어 화가가 자기 마음대로 그린 후 그 결과물을 판매하는 방식이 나타났다. 어찌 보면 근대 회화는 그림 자체의 속성이나 그리는 방식 변화에서 출발했다기보다는 유통 과정과 소비 방식이 바뀌면서 탄생했다. 이제 화가들은 무엇을 어떻게 그려야 할지 고민해야 했다.

자크 루이 다비드 같은 초기 화가들은 역사적인 사건과 등장인물을 소재로 삼았다. 그의 작품을 보면 이전 역사화와 별반 다를 것 없어 보인다. 그래서 여전히 역사화의 연장선으로 볼 수 있다. 내용이나 표현 기법에서도 이전과 큰 차이는 없다. 그래서 자크 루이 다비드는 '신고전주의'의 대표적인 작가로 꼽히기도 한다. 그래도 분명한 차이는 있다. 소재 선택과 구체적인 표현에서 화가의 자율성이 어느 정도 발견되기 때문이다. 이런 맥락에서 그는 근대 회화의 시작을 알렸다고 평가된다.

그의 대표작 〈호라티우스 형제의 맹세〉(1784)는 일반적으로 신고전주의 작품이자, 근대적 회화의 시작이라고들 얘기한다. 우선 표현 방법이 당대의 경향인 로코코와 다르다. 하지만 더 중요한 것은 그림 내용이다.

이 그림은 루이 16세의 주문으로 그려졌다. 이전의 역사화와 시작점이 같다. 루이 16세가 자신을 폄훼할 그림을 요청했을 리 만무

자크 루이 다비드, 〈호라티우스 형제의 맹세〉.

하다. 그는 왕과 국가를 향한 충성심을 불러일으킬 수 있는 그림을 원했다. 이때 자크 루이 다비드의 선택이 절묘하다. 최고 통치자와 국가에 대한 충성심을 불러일으킬 만한 그 많은 소재 중에 호라티 우스가 형제가 죽음을 불사하는 각오로 조국을 지키겠다고 맹세하 는 장면을 택했다.

국가에 대한 충성심을 강조했다는 점에서는 고객의 요구에 부응 하고 있다. 그런데 반전이 기다리고 있다. 호라티우스가 충성을 맹세한 국가의 정치 체제가 문제다. 호라티우스가 지키고자 했던 로마는 공화정이었다. 〈호라티우스 형제들의 맹세〉는 흔히 프랑스 대혁명을 지지하는 의미를 지닌 작품으로 이해된다. 그렇다면 자크 루이다비드는 비록 루이 16세의 요청에 따라 그림을 그렸지만, 결국 자신의 생각을 펼친 셈이다. 이 점에서 회화의 근대성을 엿볼 수 있다.

처음부터 자신의 의지로 시작한 그림이었다면 더 좋았을 텐데 조금 아쉽다. 이런 아쉬움은 그의 다른 작품을 통해 해소된다. 〈마라의 죽음〉(1793)이다. 이 그림은 누군가의 주문을 받아 그린 것도 아니다. 다른 한편, 공화정에 대한 그의 열성적인 지지가 흠씬 묻어난다.

시간이 흐르면서 그림 소재가 변하기 시작했다. 눈앞의 일상으로 화가들이 눈을 돌린다. 귀스타브 쿠르베(Jean-Désiré Gustave Courbet) 같은 리얼리즘 화가들이 대체로 그랬다. 〈돌 깨는 사람들〉(1849)이나 〈오를레앙의 장례식〉(1849)을 보면 평범한 시민들의 하루가 그림 소재로 쓰인 것을 확인할 수 있다. 근대적 창작자의 숙명은 시지프스(Sisyphus)를 닮아 있다는 것을 떠올리자. 이들은 늘 새로운 소재를 찾아야 했다. 일상을 파고들어 많은 소재를 발굴하지만, 그것역시 언젠가는 고갈된다. 흔히들 잘 아는 인상파 화가들은 일상을 소재로 하되, 그리는 방식에 변화를 줬다. 같은 일상이기는 하지만 그것을 비추는 조명을 달리한 것이다. 그 조명은 바로 빛이었다. 인상파 화가들은 빛에 변주를 줘, 그에 비친 일상의 다른 모습을 보여 줬다.

자크 루이 다비드 같은 근대 초기 화가에게 영감의 원천은 여전히 역사였다. 그러나 사실주의 화가들에게 그것은 대중의 삶이었

01 자크 루이 다비드, 〈마라의 죽음〉.

02 귀스타브 쿠르베, 〈돌 깨는 사람〉.

03 귀스타브 쿠르베, 〈시장에서 돌아오는 가족〉.

다. 그리고 인상파 화가에 초점을 맞추면 그들에게 영감의 원천은 빛이었다. 스스로 생각할 자유가 주어진 예술가들은 자신만의 것을 만들기 위한 영감의 원천을 치열하게 찾아 나섰다. CIAM 해체를 계기로 스스로 생각할 자유가 주어진 건축가들도 마찬가지 고민을 해야 했다. 영감이 필요했고, 영감을 자극할 원천이 필요했다.

다비드가 마이클 그레이브스에게 가르쳐 준 것

이 지점에서 두 가지 대표적인 경향이 나타났다. 한편에서는 영감의 원천을 역사에서 찾고자 했고, 다른 한편에서는 일상생활에서 얻고자 했다. 전자는 마이클 그레이브스(Michael Graves), 후자는 로버트 벤츄리(Robert Charles Venturi Jr.)를 대표로 꼽을 수 있다. 두 사람의 건축은 형태적 특징이 특히 눈에 띈다. 결과물은 모두 당대의 시선으로 보면 참신하다. 영감의 원천을 찾는 방식을 따져 보면 마이클 그레이브스는 다비드이고, 로버트 벤츄리는 쿠르베다.

마이클 그레이브스의 모던하지 않은, 즉 포스트모던한 건축의 대표 작품은 '포틀랜드 공공청사(Portland Municipal Services Building)'다. 매스의 형상과 문양이 모더니즘 건축과 매우 다르다. 그걸 말로 표현하자면 이렇다.

"수직으로 긴 직사각형 위에 역 사다리꼴을 붙여 놓은 형상을 중심으로 다수의 직사각형을 좌우 대칭 형태로 조합했다. 각각의 도

형에 다른 재료를 사용해 결국 여러 색의 조합이 드러난다."

이런 식으로 풀어 설명하면 뭐가 뭔지 누구도 모를 것 같다. 그런데 똑같은 형태를 다른 말로 이렇게 표현할 수도 있다.

"역사주의 양식 건축에서 사용되는 주두를 거대한 스케일로 확대해 정육면체 매스 중앙부에 박아 넣었다. 주두와 그 외 부분의 재료를 달리하는데, 색상에서 크게 차이나게 했나."

이런 식으로 설명하면 머릿속에 좀 더 분명하게 그려진다.

마이클 그레이브스는 자신의 다른 작품에서도 일관되게 역사주의 양식을 차용했다. 그런데 여기서 주의해야 할 점이 있다. 역사주의 양식의 형태적 특징을 그대로 살린 게 아니다. 형태의 구성 요소를 개별적으로 뜯어냈다. 포틀랜드 공공청사에서는 그 예가 기둥과 주두다. 그리고 이렇게 뜯어낸 요소를 그냥 쓰지 않았다. 엉뚱한 위치에 배치하고, 스케일을 조작(주로 과장)했다. 그리고 색상을 주위와 대비되게 구사했다.

역사주의 양식에서는 개별 구성 요소가 유기적으로 결합해서 각자에게 맡겨진 역할을 충실히 수행한다. 여기서 '유기적으로 결합됐다'라는 표현이 거슬릴 것 같다. 그래야 한다. 건축계는 습관적으로 이 표현을 사용하지만, '유기적'이라는 말에 일반적인 정의가 있는 건 아니다. 유기적이라는 표현을 쓴다면 그저 '그럴듯해 보인다'라고 이해해도 좋다. 기둥이 기둥만 덩그러니 있거나 보가 기둥과 동떨어져 있어, 건물의 하중을 분산시키는 제 기능을 못 한다면 유

포틀랜드 공공청사.
모더니즘 건축 양식과의 결별을 분명히 선언하고 있다. 역사주의 양식을 장식적 요소로
사용했다.

기적이라고 표현하지 않는다.

마이클 그레이브스는 같이 모여야 본연의 기능을 발휘하는 구성에서 일부를 떼어 원래의 유기적 맥락과 관계없이 썼다. 일종의 '낯설게 하기(defamiliarization)' 전략이다. 다른 맥락에 엉뚱한 스케일로, 즉 크기를 과장해 배치함으로써 낯설게 하는 효과를 가져왔다. '낯설게 하기'는 현대 예술의 방법론적 특징이라고들 한다. 이런 면에서 보자면 마이클 그레이브스의 포스트모더니즘 건축은 모더니즘의 연장이다.

그런데 이렇게 얘기하면 마이클 그레이브스가 약간 억울해 할 수도 있다. 모더니즘으로부터 멀어지고 싶은데 모더니즘으로 끌어당겨 붙여 놓은 셈이니. 그의 억울함도 좀 풀어줘야 할 것 같다. 우선 '낯설게 하기'가 근대 예술의 전매특허가 아니라는 점부터 짚고 넘어가야겠다. 이런 기법이 빈번하게 사용되기는 하지만 꼭 근대 예술가만이 그런 방법을 사용한 건 아니다.

맥락을 바꾼다는 면에서는 '낯설게 하기'와 유사한 방식으로 '파격'이 있다. 파격은 예술 사조의 시대 구분을 막론하고 나타나는 특징이다. 마이클 그레이브스의 건축에서 나타난 거대한 기둥과 주두는 파격으로 볼 수 있다. 이렇게 하면 모더니즘의 연장이라는 비평에서 거리감이 생길 여지가 있다. 하지만 구차한 변명으로 들린다. 사실 그가 '낯설게 하기'라는 근대 예술의 전매특허를 사용하면서도 근대에서 멀어질 수 있는 근거는 따로 있다.

'낯설게 하기'는 원래 있던 것의 가치를 비판적으로 돌아보고, 새로운 가치를 발견하는 걸 목표로 한다. 삼각형만 모여 있을 때는 그 특징을 단번에 알기 어렵다. 이때 사각형 사이에 삼각형을 배치하면 차이점이 드러난다. 이게 바로 '낯설게 하기'의 기본이다.

그런데 여기서 끝나면 안 된다. 재배치하는 건 삼각형의 특징을 돌아보는 정도의 의미밖에 없다. 이건 '근대적'이지 못하다. 근대적이라는 말을 들으려면 기준점을 '박살내야' 한다.

자신의 실력에 기고만장한 태권도 유단자(2단)가 있다. 이 사람이 잘난 척하는 까닭은 주변 사람이 몽땅 초심자이기 때문이다. 초심자들 사이에서 2단은 대단한 존재로 그 권위를 뽐낼 수 있다. 누군가는 태권도 2단의 행동이 영 마음에 안 들 수 있다. 이때 그가 생각할 수 있는 최고의 방법은 2단을 4단 사이에 두는 것이다. 2단이 누렸던 권위는 봄날의 눈이 돼 버린다. 근대의 '낯설게 하기'는 바로 이런 것이었다.

그러나 마이클 그레이브스의 입장은 좀 다르다. 기둥과 주두를 뜯어 건물 중심에 과장된 스케일로 배치해 얻고자 하는 효과는 기둥과 주두의 '의미 파괴'는 아니다. 전통적인 의미에 '변형'을 준 것이지, 그 의미를 전적으로 부인하지 않는다. 기둥의 상징성을 인정하니 건물 중앙부에 떡 하고 배치하는 것 아니겠는가? 마이클 그레이브스가 원하는 것은 기존 맥락에서의 의미와 새로운 맥락에서의 의미 간 유희다.

다시 태권도 2단을 불러오자. 이번에는 2단을 4단이 있는 곳으로 재배치하지 않는다. 대신 유도 2단이 떡하니 버티고 있는 곳으로 보낸다. 유도 2단도 태권도 2단만큼 싸움에 일가견이 있을 것이다. 태권도 2단의 권위는 흔들리고 그의 잘난 체도 더는 묵인되지 않는다. 유도 2단 사이에서 태권도 2단의 권위는 서로가 때로는 인정하고 때로 부인될 것이다. 아슬아슬한 긴장 상태가 이어진다.

마이클 그레이브스가 사용한 역사주의 양식 요소들은 '역사주의적'으로 온전하게 쓰이지 않았다. 그렇다고 역사주의를 완전하게 부인하지도 않는다. 그가 사용하는 파편화된 양식주의 요소들은 과거와 현재 사이에서 계속 줄타기한다.

마이클 그레이브스의 건축은 좋은 평만 듣지는 못했다. '포틀랜드 공공청사'가 그랬다. 그런데 그의 '디즈니월드 돌핀 호텔(Disney World Dolphin Hotel)'를 보고는 어이없다는 반응이 더 많았다.

하지만 로버트 벤츄리를 인용한다면 '디즈니월드 돌핀 호텔' 위에 올라앉은 백조와 거위를 인정하는 게 불가능한 건 아니다. 로버트 벤츄리는 마이클 그레이브스만큼이나 새로운 영감에 목마른 건축가였다. 그러나 그는 다른 길을 찾았다. 역사보다는 사람들의 일상으로 다가갔다. 역사적 맥락과 상관없는 제각기 다른 형태의 건물들, 현란한 간판들이 모두 로버트 벤츄리 건축의 모티브가 되었다. 많은 엘리트 건축가의 눈에는 어수선한 풍경에 불과했겠지만,

『라스베이거스의 교훈』.

그는 라스베이거스 거리에서 대중문화의 가능성을 엿봤다. 그의 이러한 노력은 『라스베이거스의 교훈(Learning from Las Vegas)』이라는 책을 통해 널리 알려졌다.

로버트 벤츄리는 라스베이거스의 길거리를 손대기보다, 미국인의 안목을 바꿔 버렸다. 존재하는 풍경은 그대로였지만 보이는 풍경이 달라졌다. 근사한 겉모습의 파리나 런던과 비교돼 저평가되던 라스베이거스

대중문화를 양식적 요소로 사용한 디즈니월드 돌핀 호텔.
강렬하게 느껴지는 낯섦은 모더니즘 건축 양식으로부터 아주 멀리 와 있음을 실감하게 한다.

를 나름 그 자신만의 멋을 뽐내게끔 만든 것이다. 로버트 벤츄리는 고급과 저급의 '차별'을 '차이'로 볼 수 있는 시각을 우리에게 선사했다. 이런 이유로 그의 건축이 포스트모더니즘 철학계에서 단골로 사용하는 건축적 사례가 되었다.

디즈니월드 돌핀 호텔의 거위와 백조는 로버트 벤츄리의 이론 덕을 톡톡히 봤다. '대중문화의 건축적 차용'이라는 그럴듯한 명분을 확보한 것처럼 보였다. 건축가를 포함한 많은 창작자가 오랜 시간 동안 자연을 모방하고 역사적 양식을 차용한 것처럼, 마이클 그레이브스는 대중이 일상에서 만들어 낸 문화를 모방하기도 했다.

가장 포스트모던한 포스트모더니스트
마이클 그레이브스, 1934-2015

마이클 그레이브스는 흔히 포스트모더니스트로 분류되지만, 그에게도 모더니스트 시절이 있었다. 피터 아이젠만, 찰스 과스메이(Charles Gwathmey), 존 헤이덕(John Hejduk), 리처드 마이어와 함께 '뉴욕 파이브' 멤버로 활동한 적이 있을 정도로 모더니스트였던 적도 있다. 그러나 그는 다른 멤버들과 달리 포스트모던한 건축을 시도하면서 자신의 이름을 널리 알리기 시작했다. 그의 포스트모더니즘은 주로 역사주의 양식을 분해해 사용하는 방식이었으나, 디즈니월드 돌핀 호텔에서 볼 수 있는 것처럼, 급기야 대중문화로부터 형태적 모티브를 빌려오기도 했다. 이즈음에는 지나치다는 느낌을 주기에 부족함이 없다. 허나 다양성을 주장하는 포스트모더니즘의 입장에서 보자면 그는 가장 포스트모던한 포스트모더니스트다.

전주에서 만난 마이클 그레이브스

전주시청사는 그저 모방일 뿐인가

전주는 우리나라 도시 가운데 전통적인 색채가 강한 곳으로 꼽힌다. 한복을 입고 다녀야 할 것 같고, 공공장소에서 국악이 들려도 자연스럽다. 이는 거리에서 한옥을 자주 볼 수 있기 때문일 것이다.

도시에 건물을 새로 지을 때는 주변을 고려하지 않을 수 없다. 우선, 비슷하게 맞추는 작업이 필요하다. 건물의 개성을 드러내는 건 그다음 일이다. 그러다 보니 전주에 새 건물을 짓는 일은 인근 한옥, 한옥풍에 대한 고민에서 출발한다.

1983년, 이 도시에는 원래부터 한옥이 많아서 한옥풍 건물을 짓는 게 그리 주목을 끌 만한 일도 아니었다. 그런데 전주에 사람들의 시선을 확 끄는 건물 한 채가 등장했다. 한옥이나 한옥풍에 익숙한 전주 사람 눈에도 낯선 풍경이었다.

완공 직후의 전주시청사.
모더니즘 건축과 전통 건축이 혼재돼 있다. 한옥을 비롯한 전통 건축 양식 요소를 '붙여' 놓은
형상이다.

바로 '전주시청사'다. 건물 정면에 한옥을 '붙여' 놓은 형상이다. 실제 기능을 하는 공간은 모더니즘 양식으로 만들고, 그 앞에 한 켜를 덧붙였다. 덧붙여진 한 켜가 한옥 냄새를 강하게 풍긴다. 전통 건축물에서 일부를 뜯어 온 것이다. 대략 세 가지가 보인다. 다음 페이지에서 볼 수 있는 성문, 당간지주 그리고 문루다.

정면 양옆에 수직으로 솟은 기다란 직사각형은 당간지주에서 가져왔다. 당간지주는 절에서 사용하던 것이다. 커다란 괘불을 걸기 위한 기둥이다. 기둥 두 개를 세우고, 그 사이에 고정쇠를 걸고, 거기에 괘불을 걸었다. 전주시청사에서 보이는 그것이 세계에서 가장 큰 당간지주일 것이다. 당간지주는 기껏해야 6미터를 넘지 않는다. 그보다 더 큰 괘불이 있기 힘들어서다. 낯선 외양의 이 건물의 당간지주는 20미터를 훌쩍 넘긴다. 거대하다. 과장된 스케일에서 기묘함을 느낀다.

정면 출입구는 반원형 아치로 돼 있다. 아치를 파낸 벽면이 한국의 전통적인 성문을 닮았다. 특히 좌우로 뻗은 벽체의 양단을 중앙 아치 쪽으로 경사지게 하면서 성문의 느낌이 더 강해진다. 성문을 뜯어 쓰긴 했지만 그대로 쓰진 않았다. 건축가의 고심을 엿볼 수 있는 부분이다.

아치의 곡선이 전혀 한국적이지 않다. 전통 건축의 성문과 비교해 보면 쉽게 알 수 있다. 정녕 한국식으로 보이려면 아치를 지탱하는 양쪽 수직 벽이 더 높아야 한다. 예를 들자면 '말굽형'이어야 하는데, 말굽 아래 부분이 땅에 묻혀 있는 듯 보인다. 이건 분명 건축가의 의도다. 성문을 닮되 똑 닮으면 안 된다는 생각이었을 것이다.

전주시청사가 뭇 사람의 입에 오르내리게 된 가장 결정적인 이유

01

02

03

01 성문.
02 당간지주.
03 문루.

는 성문에 올라앉은 한식지붕 때문이다. 한식지붕만 뜯어 '붙여' 놨다는 것을 숨기지 않는다. 오히려 그것을 더 강조한다. '붙여' 놨다는 것을.

얼핏 보면 이 한식지붕이 성문의 문루라고 생각할 수 있다. 그러나 성문 위에 올라앉았다 해서 문루로 보기는 어렵다. 오히려 맞배지붕 건물을 문 위에 얹어 놓은 형상이다.

문루의 비례 역시 뭔가 남다르다. 지붕의 수평 길이가 지나치게 길다. 지붕을 받치고 있는 기둥의 높이가 길지 않아 지붕의 수평이 더욱 길게 보이도록 한다. 얼핏 보면 성문의 문루 비슷하지만, 자세히 보면 '그것'과는 다른 느낌이 명확히 드러난다.

한국 전통 건축에서 이것저것 뜯어 다른 맥락에서 섞어서 사용한 것이다. 첫인상은 분명 우리 전통 건축이었지만, 자세히 보면 많은 변형이 가미됐다. 전통 건축의 이미지를 차용하면서도 그것에 국한되지 않고 새로운 이미지를 창조했다. 새로운 이미지를 창조하기 위해 과감하게 비례를 변형하고 스케일을 과장했다. 이 지점에서 건축가의 의도가 분명해진다.

이 건물의 형태를 요약하자면 이렇다.

1) 전통 건축의 특정 부분을 빌려 왔다.
2) 각각의 부분을 원래 맥락과 다른 엉뚱한 맥락에 배치했다.
3) 비례에 변형을 가했다.
4) 스케일을 과장했다.

이렇게 요약해 놓으니 마이클 그레이브스가 퍼뜩 떠오른다. 서구 역사주의 양식이냐 한국식 전통 건축이냐의 차이만 있을 뿐, 방법론에서는 다른 점을 찾아볼 수 없다.

전주시청사는 현대와 전통을 묘한 방식으로 결합하고 있다. 시각적 인상으로 표현하자면 앞서 얘기한 것처럼 '붙여' 놓는 방식을 적극적으로 썼다. 이를 비판적으로 보자면 위장이고 가식이다. 기능과 형태가 뚜렷하게 분리되고 있다. 모더니즘 건축을 가장 잘 표현하는 문장은 '형태는 기능을 따른다(Form follows function)'인데, 그런 구호쯤은 쉽게 무시할 수 있는 세상이 된 셈이다. 이렇게 보면 '전주시청사'는 미국식 포스트모더니즘, 특히 필립 존슨과 마이클 그레이브스에게 많이 빚지는 느낌이다.

'빚지다'라는 모호한 말 대신 더 솔직하게 얘기하자면 미국식 포스트모더니즘이 길을 터준 덕에 이런 디자인이 나올 수 있었다. 전주시청사를 설계한 건축가가 자기 입으로 마이클 그레이브스와의 연관성을 거론하지 않아도 그의 영향은 결코 무시할 수 없다.

숨은 건축가는 공무원이었나

전주시청사가 미국식 포스트모더니즘의 계보에 한 발 걸치는 건 분명하다. 그렇지만 마이클 그레이브스의 건축보다 좀 더 묘한 맥락이 반영된다. 전주시청사라는 낯선 풍경이 왜 등장하게 되었는지를 잘 이해하려면 그 상황에 대한 배경 지식이 필요하다. 거기에는 포스트모더니즘과 함께 남북간 체제 경쟁을 빼놓을 수 없다.

전주시청사가 지어지던 1980년대, 남북의 체제 경쟁은 결말이 이미 난 상태였다. 둘을 비교 선상에 둔다는 건 '어불성설'이었다.

잠시 샛길로 가자면, 해방 이후 남북이 갈라질 당시만 해도 북한이 경제 사정이 좀 나았다. 북한에 중공업이 상대적으로 발달해 있었기 때문이다. 둘의 경제적 격차는 1960년대 중반까지도 그대로 유지됐다. 그러나 이 시기를 지나면 남한이 모든 면에서 북한을 넘어서기 시작했다.

남북 체제 경쟁은 미국과 소련의 경쟁과도 궤를 함께했다. 미국의 승리가 분명해질수록 남한의 승리도 명백해졌다. 그런데 남북 체제 경쟁이 결국 남한의 압도적인 승리로 끝나갈 무렵에도 여전히 북한이 아주 조금은 우세해 보이는 부분이 있었다. 민족 자주성이라는 측면에서다. 이걸 한국 민족의 주체성이라고 생각 없이 표현하면 주제가 산으로 갈 수 있다. 그냥 건축 얘기만 하겠다.

북한은 남한에 비해 한국 고유의 전통 건축 양식을 잘 살려왔다. 인

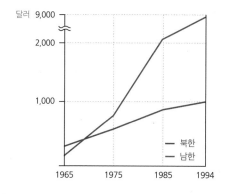

남한과 북한의 1인당 국민소득.
1960년대까지 북한이 경제적으로
남한보다 앞섰음을 보여 준다.
출처 : 통계청

민대학습당, 인민문화 궁전, 평양역 등이 그 예다. 건축사적 혹은 양식적 가치를 떠나서 그런 부류의 건물이 북한에는 심심치 않게 있었고, 남한에서는 찾기 힘들었다.

인민문화궁전.

전통적인 건축 양식으로 지은 건물이 있느냐 없느냐로 민족 자주성을 지켰다고 하는 것도 어불성설이다. 이를 통해 자주성 유무 여부를 판단하는 건 더욱 그렇다. 그런데 달리 생각한 사람들이 있다. 당시 정부 관료들이다.

전통적인 건축 양식으로 보이는 건물을 지어야만 민족의 고유성과 자주성을 드러낼 수 있을 거라는 그들의 사고방식은, 정녕 본래 의도한 효과를 얻지 못했을 것이다. 그러나 어느 정도 수긍이 가는 부분도 있다. 그들 생각의 짧음과 보여 주기식 행정을 탓하자는 건 아니다.

모더니즘에 아주 익숙해진 건축 전문가들에게 전통 양식을 형태적으로 재현한다는 것은 무의미한 일이었다. 그렇게 하기를 강요당했다면 자존심이 상할 것이다.

그런데 건축 전문가가 아닌 일반인의 시각에서는 좀 다르게 보일 것 같다. 일본이 만들어 놓은 청와대 대신 전통 궁궐 모양의 관공서가 있는 게 괜찮다고들 생각하지 않았을까?

당시 정부 관료들은 한국 전통 건축 양식으로 지어진 큼지막한 건물이 필요했다. 관료가 건축가를 통제하는 일은 아주 쉽다. 입씨름할 필요가 없다. 그냥 작업 지시서에 이렇게 저렇게 하라고 명시하면 된다. 건물을 어떤 모양으로 만들지는 발주자의 권한이다. 물론 정부가 발주자면 최종 사용자는 국민이니, 국민의 의사가 중요하다.

당시 분위기는 국민의 의사가 지금처럼 중요하지는 않았다. 정부 관료들이 그렇게 생각했다는 소리다. 설령 의사를 물어도 관료들이 원했던 건축 형태를 국민이 싫어했을 것 같지 않다.

정부는 용감하게 혹은 섬세하지 못한 대시민 봉사의 자세로 '국립중앙박물관(현 국립민속박물관)'을 공모했다. 작업 지시서에서 가장 중요한 내용은 이거였다.

"다수의 전통 건축물을 참조해서 그 모양대로 설계하라."

기존 전통 건축물을 참조해 창조적 변형을 하라는 게 아니었다. 기존 전통 건축물의 부분 부분을 뜯어 그대로 조합해 새로운 건물을 만들라는 요구였다.

관료들은 이런 요구가 건축가들에게 어떤 의미로 다가오는지 생각해 보지 않은 듯하다. 체제 경쟁의 마무리 작업으로 민족 고유의 정체성과 자주성을 드러내는 작업이 필요하다는 대의명분도 있었으니, 망설임이 없었던 것 같다.

대부분 건축가는 반발했다. 하지만 반발은 매우 소극적이었다. 공모에 참여하지 않는 정도였다. 대부분 그렇다는 것이지, 다는 아니었다. 의견이 다른 이가 있는 건 당연했다. 기존 전통 건축물을 재조합해 새로운 무언가를 만든다는 게 그리 잘못된 생각도 아니었다. 그게 잘못됐으며, 건축가의 자존심에 씻어내기 어려운 손상을 가하는 일이라면 레온 바티스타 알베르티(Leon Battista Alberti)도 그런 수모를 느껴야 했을 것이다. 기존 건축의 특징적인 요소들을 재

국립중앙박물관(현 국립민속박물관).
기단부 형상을 보면 누구나 불국사 청운교와 백운교가 떠오를 것이다. 상부는 법주사 팔상전을 모사했다.

조합해 새로운 것을 만드는 일은 르네상스 시기에는 일반적이었다.

한눈에 들어올 정도의 명백한 독창성은 모더니즘이 강조한 하나의 가치일 뿐이었다. 모더니즘 이전 건축가들은 당대 양식에 충실한 설계를 해왔다. 양식을 얼마나 잘 이해하느냐, 그리고 해당 건물의 기능을 어떻게 효과적으로 수용하느냐만으로도 고민거리가 한가득이었다.

양식에 충실했던 시기를 모더니즘의 시각에서 보자면 기계 틀에서 같은 모양의 붕어빵을 찍어내는 일일 것이다. 독창성 없는 작업으로 보일 수도 있겠다. 하지만 그렇게 본다면 거친 감수성의 소유자라고 비판받을 소지가 많다. 자세히 들여다봐야 드러나는 차이에 둔감한 것이니. 한편 양식이라는 틀 안에서 선택할 수 있는 무한한 창조적 가능성을 보지 못했다는 비판도 감수해야 할 것 같다.

국립중앙박물관 현상 설계 작업 지시서에서 모멸감을 느낀 건축가라면 우선 자신의 거친 감수성과 서툰 눈매를 되돌아볼 필요가 있다는 얘기다.

당시 대부분 건축가와 좀 다르게 생각한 사람이 있었다. 그리고 그의 작품이 당선되었다. 결과물은 법주사 팔상전을 주요 모티브로 한 작품이다. 모티브가 정해졌으니 다음 단계로 해야 할 중요한 일은 팔상전을 어딘가에 올려놓는 일이다. 건물의 다리를 만드는 작업이다. 이 지점에서 국립중앙박물관의 설계자는 불국사 진입로의 계단식 구조가 마음에 들었던 모양이다. 불국사를 떠올리게 하는 기단부를 만들고, 그 안은 실내 공간으로 사용하게 했다.

그렇게 비난받을 건축물인가?

국립중앙박물관은 하나의 낯선 풍경으로 서울 한복판에 등장했다. 뒤이어 온갖 비판이 쏟아졌다. 이런저런 얘기가 많았지만, 요지는 창작품이 아니라는 것이다. 이 점에 대해서는 앞서 얘기했다. 보기에 따라 대단한 창작일 수도, 모조품일 수도 있다. 대부분 건축가는 모조품이라고 한다. 이 건물의 설계자도 그렇게 생각할까? 모조품을 만들더라도 당선되고 싶다고 생각했을까? 그렇지 않을 것이다.

창의성에 대한 모독, 관제문화 행사에 대한 반발, 이런 것들이 어우러져 국립중앙박물관은 대한민국 건축 역사상 유례가 없는 비판을 받았다. 건축가의 편을 드는 사람은 없었다. 모두가 나서서 손가락질하다 보니, 다른 해석은 끼어들 여지가 없어졌다. 하지만 이 건물처럼 설계한, 즉 전통 건축 양식을 그대로 재현하고 현대적 기능을 지닌 건물을 창조한 사례는 적지 않다.

강릉은 우리나라 사람들이 선호하는 관광지다. 볼거리, 먹을거리도 많다. 강릉에서 좋은 추억이 많다면, 인근의 좋은 건축물도 하나 소개하려 한다. '한국전력 강릉지사'다. 강릉의 명물이다. 꽤 널리 알려진 까닭에 이 건물을 보러 오는 사람도 많다. 여기서도 성문과 문루가 보인다. 전통 한옥의 행랑채도 보인다. 얼핏 보기에 기존 전통 건축물 형태를 창조적으로 번안한 것처럼 보인다. 자세히 살펴보면 기존 전통 건축물의 비례와 스케일을 엄격히 지키고 있다. 강릉 한전지사 건물 한편에서 이 건물의 안내판을 찾아볼 수 있다. 이 건물이 설계되고 시공된 내력을 적어 놓았다. 그것을 읽다보면 약

한국전력 강릉지사.
한국 전통 건축 요소가 곳곳에서 보인다. 이것은 한국 건축에 대한 지식이 좀 있는 사람이라면
누구나 다 알 수 있다. 이 건물의 은밀한 매력은 전통 건축을 '정밀하게' 그리고 '조화롭게' 모사하고
있다는 점이다.

간은 당황스러운 사실을 알게 된다. 강릉 한전지사에 사용된 전통 건축 양식의 원전을 분명하게 밝혀 둔 것이다.

한 가지가 더 있다. 원전을 모방해도 창조적 변형이 있었을 것이라고 생각하기 쉽지만, 안내판의 설명은 다르다. 가능한 한 원전의 비례와 스케일을 유지하려고 했다는 것이다. 안내판의 설명은 말로만 끝나지 않았다. 강릉 한전지사를 이모저모 뜯어보면 안내판의 설명과 부합하는 것을 확인할 수 있다.

성급하게 판단한다면 '창작이라고 할 수 없지 않은가'라고 의심할 수도 있다. 한걸음 더 나아가면 '설계 작품으로 의미 없는 것은 아닌가'라고 폄하할 수도 있다. 정말 그럴까?

강릉 한전지사에서 전통 건축 양식 요소로 눈에 확 들어오는 것

다 같을 필요는 없다

은 성문과 문루다. 성문을 보자면 크기가 다양하다. 문루를 보면 그 다양함은 더하다. 문루의 지붕을 살펴보면 알 수 있다. 모임지붕, 팔작지붕도 보인다. 이들 각각의 형태 요소만 떼어 보면 원전의 비례와 스케일을 지키면서 모방한다는 것은 창작이기보다는 모사에 불과하다는 생각이 들 만도 하다. 그런데 이렇게 생각해 보자.

철두철미하게 모사한 개별 요소를 한데 모아 놓았을 때 그들 전체의 비례와 스케일은 어찌할 것인가? 개별 요소를 아무리 원전에 가깝게 모사한들 그들간의 비례와 스케일이 저절로 확보되리라 생각하는 사람은 없을 것이다. 강릉 한전지사를 설계한 설계자의 솜씨와 창의성은 이 지점에서 발현된다.

국립중앙박물관은 성공적일 수도 있었다. 한순간 낯선 풍경으로 등장했지만, 하나의 유형으로 자리 잡아 익숙한 풍경을 만드는 계기가 될 수도 있었다. 그러나 세간의 혹독한 비평은 국립중앙박물관을 낯선 풍경으로 시작해서 친숙한 풍경으로 외로이 서 있게 했다.

국립중앙박물관처럼 전통 건축 양식에 충실한 방식으로 민족의 정체성을 드러내는 설계는 더는 가능하지 않았다. 어느 누가 그 정도의 비판을 감수할 용기가 있겠는가? 아무리 많은 관광객이 평양역을 볼 만하다 하고, 베이징 거리 곳곳에 보이는 복고 형태를 어색하게 느끼지 않는다고 해도, 적어도 우리나라에서는 불가능했다.

전주시청사는 이런 맥락에서 탄생했다. 민족 고유의 것을 만들자니, 전통과의 연계는 당연히 필요한데, 국립중앙박물관과 같은 방식은 곤란할 것 같다. 그런데 미국을 보니 마이클 그레이브스의 건축이 있었다. 그의 방식을 따라 한 게 아니고, 그런 류의 건축 양식이 옹호될 수 있는 논리를 빌려 사용한 것이다.

역사주의 양식을 부분 부분 분해해서 새롭게 조합한다는 건, 전매특허가 있는 것도, 대단히 어려운 기술도 아니다. 이미 다 잘 알고 있는 방식이다. 울고 싶은데 뺨 때려준다고, 미국식 포스트모더니즘은 전주시청사에게는 변명 거리를 제공했다.

불행하게도 미국식 포스트모더니즘 논리가 그다지 효과적으로 먹히지 않았다. 전주시청사 역시 숱한 비판을 들어야 했다. 아마 역사적·문화적 차이 때문일 것이다. 미국식 포스트모더니즘이 미국에서 가능했던 주된 까닭은 유럽과 달리 '장식은 죄악'이라는 관념을 실감해 본 적이 없었기 때문이다. 역사주의 양식의 전형을 보여주는 건축물들이 상대적으로 적은 것도 한몫했다.

미국식 포스트모더니즘이 자연스럽게 받아들여지려면 뜯어 온 역사주의 양식의 의미가 드러날 듯 말 듯, 모호해야 한다. 우리 땅에 즐비한 사찰·궁궐·관아는 뜯어 온 전통 양식 요소와 조화롭게 어우러지지 않는다. 전통 건축의 향이 너무 짙게 난다는 소리다. 결국, 뜯어 온 양식은 별수 없이 모조품이 된다.

전주시청사는 낯선 풍경으로 등장했지만 결국, 모조품이라는 비난을 피할 수 없었다. 그저 하나의 친숙한 건물로 남게 됐다. 나는 전주를 갈 때마다 여기를 꼭 들러 본다. 정말 그리도 비판을 받아야 할 건물인지, 아직도 헷갈린다.

제3부

틀 안에서도 다를 수 있다

약한 해체주의

건축의 약한 해체주의는
형태 미학에 유독 관심이 많다.
세상에 유일한 진리도 없고,
그에 따라 선악의 기준이
모호해지는 상황이라면
아름다움의 추구에 집중하는 게
차라리 나은 선택이라는 것이다.

주요 건축가

필립 존슨
피터 아이젠만
프랭크 게리
베르나르 추미
쿱 힘멜블라우
자하 하디드
다니엘 리베스킨드
르 코르뷔지에
팀 텐
리처드 마이어
루드비히 힐버자이머
미스 반 데어 로에
방철린

주요 건축물

웩스너 시각 예술 센터
유럽 중앙 은행
시카고 트리뷴
하이 라이즈 시티 프로젝트
바르셀로나 현대 미술관
씨마크 호텔
바르셀로나 파빌리온
글래스 하우스
톨레도대학교 시각 예술 센터
콜럼버스 컨벤션 센터
임멘도르프 하우스
아로노프 센터
막스 라인하르트 하우스
시티 오브 컬처
탄탄스토리하우스
신한은행 광교점
종로 주얼리 비즈니스 센터
인터레이스

01

1988 MoMA의 낯선 풍경

1932가 떠오르는 까닭

어떤 식당에 갔더니 메뉴판에 이런 음식이 있었다. '당신이 안 먹어 봤을 음식'. 얼른 시켜봤다. 맨날 먹는 점심인데, 한 끼쯤 실패해도 괜찮다. 실패할 수도 있겠지만 성공한다면 즐길 거리가 하나 느는 셈이다. 매 끼니 빠짐없이 잘 챙겨 먹자고, 늘 먹던 것만 먹으면 새로운 메뉴를 발견할 수 없다.

안 먹어 본 음식을 시도하는 건 좋은데, 정말 낯설면 좀 부담스럽다. 고약한 풍미를 내뿜는 취두부라면 먹기 좀 곤란하다. 몬도가네 (혐오성 식품을 먹는 비정상적 식생활)풍도 꺼려진다. 전혀 먹을 수 있는 거라 생각 못 했던 재료를 쓴 요리 앞에서도 머뭇댄다.

그렇다면 기상천외한 요리를 찾아다니는 프로그램 출연자들이 가장 좋아하는 음식은 뭘까. 대충 그려진다. 적당히 알 만한 재료로 만든 음식, 냄새가 괴이하지 않은 음식. 이 정도면 맛좋을 거라 기대할 수 있다. 뜻밖의 맛을 바라기에 처음 한 숟가락이 주는 낯섦을 즐길 정도가 딱 좋다.

1988년, 뉴욕 MoMA 식당에 새로운 메뉴가 나왔다는 소식이 들려왔다. 세계 여러 나라에서 요리사들이 모였다. 누가 봐도 새롭다고 느낄 만한 음식들이 한데 모였다. 게다가 메뉴 개발자가 제법 유명한 사람이다. 필립 존슨이다. 그는 대략 반세기 전 이 식당에 새로운 메뉴를 선보였던 사람이다. 당시 흥행은 매우 성공적이었다. 사람들은 평소 먹어보지 못했던 음식을 마주하고 만족했다. 이 식당에서 성공적으로 출시된 메뉴는 나중에 '국제주의' 양식이라는

1988 MoMA 전시의 모습.

이름으로 전 세계로 불티나듯 팔렸다. 1988년 MoMA 식당은 여러 모로 관심을 끌 만했다.

사람들은 좋은 것, 귀한 것은 감추고 자기만 알고 싶어 한다. 대개 그렇다. 그런데 예외도 있다. 대표적인 것이 담배다. 유독 담배는 서로 권한다. 인심이 후하다. 같이 피우면 더 좋은 모양이다. 권한 사람이나 권함을 받은 사람이나 모두 흡족한 표정이다. 때로 전혀 모르는 사람에게 담배를 빌릴 수 있다. 빌리는 사람은 좀 머뭇거리지만, 빌려주는 사람은 흔쾌하다. 왜 그럴까? 많은 사람이 농담조로 얘기한다. 몸에 나쁜 것이라서 그렇다고.

담배만큼이나 자기가 아는 것을 알려주려는 부류에 음식도 속한다. 누구 할 것 없이 먹어보고 맛있으면 여기저기 알리고 싶어 한다. 그래서인지 음식 장사에는 입소문이 최고란다. 비싼 텔레비전 광고를 하는 것도 효과적이지만 최종적으로 소비자의 선택을 받으려면 입소문의 도움을 받아야 한다.

1932년, MoMA 식당에서 음식을 맛본 사람들이 여기저기 소문을 퍼뜨렸다. 그 음식 맛있더라고. 당시 MoMA 식당은 마치 담배 빌려주는 사람처럼 후하게 굴었다. 메뉴를 잘 설명한 레시피를 만들어 여기저기 공짜로 뿌렸다. 이뿐만 아니다. 음식 만드는 재료가 부족하다면 그걸 지원해줬다. 돈이 부족하다면 돈도. MoMA 식당의 신메뉴는 대성공이었다.

1988년 신 메뉴판에 음식 종류가 써 있다. 피터 아이젠만(Peter D. Eisenman), 프랭크 게리(Frank Owen Gehry), 베르나르 추미(Bernard Tschumi), 쿱 힘멜블라우(Coop Himmelblau), 자하 하디드(Zaha Hadid),

베르나르 추미, 울프 프릭스, 렘 쿨하스, 자하 하디드 등 유수의 건축가들이 한데 모였다. (1988)

1988 MoMA 전시회 기획안.

다니엘 리베스킨드(Daniel Libeskind). 이름만 보면 각양각색으로 튀는 음식들의 집합이 될 것 같다. 실상 그런 면도 있다. 그런데도 한자리에 모아 놓은 까닭이 있었다.

당신이 안 먹어봤을 먹을거리를 팝니다

식당의 신메뉴 발표 소식을 듣고 몰려온 사람들은 평소 뭘 먹었을까. 이들이 최근 즐겨 먹은 건 포스트모더니즘이고, 이는 세부적으로는 두 종류로 나뉜다. 하나는 마이클 그레이브스류, 다른 건 로버트 벤츄리류. 둘 다 최근 사람들의 입소문을 탄 것이다. 그러나 예전부터 꾸준히 단골손님을 유치한 메뉴로 모더니즘도 있었다.

미식가들은 맛있는 음식이 있다면 어디든 마다하지 않고 찾아갔다. 식당을 찾은 이들의 입에는 유럽풍 음식이 착착 감겼다. 레이트 모더니즘 혹은 하이테크 건축이라는 메뉴도 편하게 즐겼을 터.

1988년 MoMA 식당의 메뉴가 신메뉴라고 불린 까닭은 이런 게 아니었기 때문이다. 한편, 음식이 너무 낯설면 입안에 넣는 시도 자체가 어려울 수 있다. 개발자들은 이런 면도 고려해야 했다. 반세기 전, 한 차례 대성공을 거두었던 메뉴 개발자이니 이 부분도 분명 신경썼을 것이다. 과거 공전의 히트 메뉴를 개발할 때도 비슷한 고민이 있었다.

잠시 과거로 돌아가 보자. 1932년 MoMA 식당 이야기다. 당시 신메뉴판에 등장했던 것 말고도 사람들이 잘 맛보지 못한 것들이 있었다. 유기적인 형태라고 부르는 유형인데, 자연의 곡선을 본뜬 메뉴가 여기저기서 조금씩 소개되고 있었다. 물론 1932년 메뉴 개발 당시에는 이런 것들은 싹 빠졌다. 이유는 두 가지다. 하나는 좀 심하게 낯설어 보일 수 있겠다는 우려였고, 다른 하나는 개발하는 메뉴에 통일성을 부여하고 싶어서였다. 신메뉴에 여러 종류를 선전하기보다 '딱 한 가지'의 통일된 메뉴를 선보이고 싶었을 것이다.

일부 미식 비평가들의 불만이 제기됐다. 충분히 맛있을 만한 음식이 빠져, 빈약한 밥상이라는 것이었다. 당시 메뉴 개발자는 개의치 않았다. 그런 반응을 예상 못 한 것도 아니고, 게다가 결과가 좋으면 모든 게 용서된다는 믿음이 있었을 것이다.

다시 1988년. 신메뉴 개발에는 이런 경험이 활용됐다. 새로운 메뉴는 처음 보는 것들이어야 했다. 하지만 잘 보고 있으면 어디선가 본 듯, 안 본 듯한 느낌을 줘야 했다. 이런 것들을 그러모아 신메뉴를 만들었다.

신메뉴에 여러 종류가 있었으니 그걸 하나로 묶을 수 있는 제목을 붙일 필요가 있었다. 특징을 잘 나타내는 표현이 필요했다. 여기서 공통분모는 '이전과는 다르다'는 점이었다. 그래서 이전 것을 해체하고 새로 만든다는 의미를 담기로 했다. 이전 걸 기반으로 했으니 본 듯하고, 해체했기 때문에 안 본 듯했다. 이 '해체'에 초점을 맞추어 이름을 붙였다. 해체적 건축(Deconstructive Architecture)이라고.

1988년 MoMA 신메뉴도 대성공을 거뒀다. 신메뉴는 '해체주의(Deconstruction-ism)'라는 이름이 붙은 채 세계로 팔려나갔다. 1988년 발표회에 사용했던 해체적(Deconstructive)과 해체주의(Deconstruction-ism)는 비슷하지만, 상당히 다른 의미를 지녔다. 전시회 당시는 그냥 '해체적이다'라는 표현이었을 뿐이다. 그러나 이후 해체주의는 '의도적으로 해체하는 건축적 스타일'이라는 보다 구체적인 뜻을 품게 됐다.

그해 신메뉴 프로젝트는 세 가지 면에서 정말 놀랍다. 우선 전 세계적으로 히트했다는 점, 둘째는 반세기 전의 필립 존슨이 또 한 번 성공의 주역으로 나섰다는 점, 셋째는 이때 등장한 신메뉴들이 여전히 세계적으로 유행하고 있다는 점이다.

1988 식당에서는 무엇을 팔까?

도대체 무엇이 이런 성공을 가져왔을까? 신메뉴는 본 듯, 안 본 듯해야 한다. 이게 포인트다. 본 듯, 안 본 듯하게 만드는 가장 좋은 방법은 이미 본 걸 변형하는 것이다. 평소 잘 먹던 메뉴도 주재료를 바꾸지 않고 향신료를 바꿔 쓰거나 조리 방법을 달리하면 새로운 맛을 낼 수 있다. 이 같은 방식을 건축적 형태에 도입하면, 어떤 방법이 가능할까?

우선 피터 아이젠만. 뭐가 뭔지 모를 복잡한 형상이지만 잘 보면 규칙이 보인다. 워낙 현학적인 그이니 자신의 신메뉴에 대한 설명이 얼마나 현학적일지는 충분히 짐작할 수 있다. 듣는 이는 금세 뭐가 뭔지 도통 알 수 없게 될 것이다. 그의 건축을 잘 이해하려면 차라리 귀를 잠시 닫아 두는 게 좋다. 그의 언어에 휘둘리면 본질이 잘 안 보일 수도 있기 때문이다.

이렇게 얘기하면 환원론자라고 비판받을 수도 있다. 환원론자들은 본질을 강조한다는 핑계로 이것저것 부수 요소를 걷어 결과적으로는 본질을 훼손하는 경우가 많다. 일리 있는 지적이다. 그렇다면 그의 설명을 흘려들으면서, 건축의 본질에 다다를 수 있다고 하려면 뭐라 해명해야 할까?

현상에만 초점을 맞춰서 잘 들여다보자. 그러면 과시적 현학을

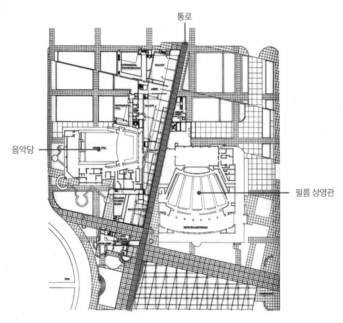

웩스너 시각 예술 센터 배치도.
남북 방향 통로를 설치하고, 통로 서쪽에 음악당과 갤러리를,
동쪽에 필름 상영관을 배치했다.

주문처럼 외워대는 건축가의 방해에서 벗어나 본질에 다가설 수 있다. 부차적인 것들을 체로 걸러보자.

남는 건 사각형이다. 이 사각형을 각도를 맞춰 규칙적으로 배열하면 격자망이 된다. 여기까지는 익히 아는 맛이다. 이제 격자망을 두 개 만들어 그대로 겹친다. 그다음 격자망 하나를 살짝 회전시킨다. 밑에 깔린 수직과 수평이 딱 맞춰진 격자망에, 애매한 각도로 비틀어진 격자망이 겹친다. 기존 격자망과 비교하면 비틀어진 형상이다. 하지만 비틀어진 각도만큼 돌려 보면, 이 비틀어진 격자망이 수직과 수평에 맞는 질서 잡힌 격자망이 된다.

피터 아이젠만이 창조하는 낯섦은 낯익은 격자망 간의 유희에서 온다. 우리의 눈은 하나의 격자와 애매하게 비틀어진 다른 격자 사이를 왔다 갔다 한다. 그 과정에서 '새로움'을 느낀다.

그가 낯섦을 강조하는 과정에서 무시하지 못할 역할을 하는 것이 '애매한' 각도다. 두 개의 격자망을 90도나 180도로 비틀어 겹치면 원래의 것과 같아진다. 45도나 60도는 또 너무 익숙하다. 모든 것이 한눈에 파악된다. 호기심이 생기지 않는다.

이번엔 쿱 힘멜블라우를 보자. 요즘 쿱 힘멜블라우는 곡면 건축으로 더 유명하다. 독일 뮌헨의 'BMW 전시관(BMW Welt)'이나 '부산 영화의 전당' 같은 것들이 그 예다. 실제 쿱 힘렘블라우가 명성을 얻는 데 곡면 건축이 큰 역할을 했다. 하지만 그 시작은 곡면에 있지 않았다. 직육면체를 썼다. 건축물과 관련해 이미지를 떠올려본다면 가장 익숙한 형상일 것이다. 쿱 힘멜블라우의 건축은 여기서 출발한다. 피터 아이젠만이 회전을 이용했다면, 쿱 힘멜블라우는 찌그러뜨리기를 적극적으로 썼다.

BMW 전시관.

부산 영화의 전당.

직육면체의 모서리나 꼭짓점 한 곳을 잡아당기면 형태 변형이 생긴다. 이 한 줄의 설명을 듣고 단번에 이해할 수 있는 사람도, 그렇지 않은 사람도 있을 것이다. 이해하는 사람은 캐드(CAD) 프로그램을 많이 접했을 가능성이 높다. 현실 세계에서는 직육면체를 그런 방식으로 찌그러뜨린다는 걸 상상하기 힘들다.

그렇다면 우유 상자를 떠올려보자. 일상에서 매일 보기도 했고, 많이 찌그러뜨렸을 것이다. 우유 상자는 아무리 찌그려봐야 쿱 힘멜블라우의 건물처럼 되지는 않는다. 제아무리 괴상한 방식으로 눌러도 꼭짓점 간 거리가 변하지 않기 때문이다. 우유 상자의 형태 변형은 부분 부분이 아닌 전체에 작용한다. 이와 달리 일부에만 변형을 가하는 방법이 있다. 쿱 힘멜블라우의 건물이 바로 그 예다. 그의 건축물은 직육면체 일부에만 변형이 가해졌다.

쿱 힘멜블라우의 낯섦은 정상적인 직육면체와 찌그러진 직육면체 간의 유희에서 비롯된다. 원래 '정상'이라는 건 없다. 기준점이 문제일 뿐이다. 수직·수평의 그리드를 기준점으로 보면 안 찌그러진 직육면체가 정상이고, 찌그러진 직육면체가 비정상이다. 하지만 그리드 자체를 찌그려 놓고 보면 찌그러진 직육면체가 더 잘 맞

피터 아이젠만식   쿱 힘멜블라우식

직육면체 변형.

는다. 이때는 찌그러진 직육면체가 정상이다. 쿱 힘멜블라우의 건축을 볼 때 우리 눈은 정상과 비정상 사이를 오간다. 그래서 낯설고 재밌다.

피터 아이젠만과 쿱 힘멜블라우에 대해서만 얘기하면 되나? 나머지 메뉴는? 이 두 메뉴를 설명하는 것만으로 충분하다. 나머지에도 같은 설명이 잘 적용된다. 직육면체나 직사각형을 '회전' 혹은 '찌그러뜨리는' 방법으로 변형했을 뿐이다. 이들 메뉴는 익숙한 직육면체를 '해체'한 것이다. 해체라고 말하고, 거기에 나중에 '주의'를 붙여 '해체주의'라 하니, 거창해 보이지만 골자는 간단하다. 직육면체를 앞서 말한 방법으로 변형했을 뿐이다.

1988년 식당 메뉴 개발에도 1932년 메뉴 개발에서 보여줬던 필립 존슨의 상상력 부족과 섬세하지 않은 배려가 그대로 드러난다. 있을 법한 메뉴가 빠져서 그렇다. 곡면을 기본으로 한 건축이 있을 테고, 곡면에 좀 더 자유로운 변형을 가해 얻을 수 있는 형상이 있음에도 그건 빼놓았다. 몰라서 빼먹었으면 상상력 부족이고, 알고도 그랬다면 배려 부족이다.

1988년 식당에 곡면을 기본으로 한 메뉴가 빠진 게 아쉽다. 당시 전시회 참가자들이 그 이후 수십 년간 세계적인 건축가로 군림했는데, 이를 가능하게 해준 건 당시 메뉴가 아니다. 그들의 군림이 여전한 까닭은 곡면 건축에 기반을 둔 첨단 신메뉴 덕이다. 간단히 말하자면 직육면체 삐뚤삐뚤 쌓기나 찌그러뜨리기로 명성을 얻기 시작했지만, 정작 주된 작품 활동은 곡면에 있다는 얘기다.

직육면체를 어긋난 각도로 겹쳐 쌓던 피터 아이젠만은 '시티 오브 컬처(The City of Culture of Galicia)'를 통해 본격적인 곡면을 선보였다. 직육면체를 찌그러뜨리는 데 바빴던 쿱 힘멜블라우는 'BMW 전시관'부터 곡면을 도입한다. 프랭크 게리는 '디즈니 콘서트 홀' 건축 이후 모든 작업에서 곡면을 강조했다. 자하 하디드는 말할 것도 없다. '홍콩 피크(The Peak Leisure Club)'에서 처음 보여 줬고, '비트라 소방서(Vitra Fire Station)'에서 시도했던 스타일은 흔적도 찾기 어렵다. 그의 건축은 곡면을 기반했다 해도 과언이 아니다. 자하 하디드의 건축에 대한 상세한 이야기는 4부에서 다룬다.

아무튼, 필립 존슨이 무슨 생각으로 곡면 계열의 메뉴를 빼놓았는지 분명하게 알 수는 없다. 사실 아쉬울 것보다는 다행아닌가. 상상력이 부족해서 빼먹었든, 적당치 않다고 생각해서 빼먹었든, 그 덕에 이런 글을 쓸 수 있으니.

02

박스 예쁘게 쌓기의 달인

로마 유적은 해체주의의 예고편

1988년 MoMA 식당 신메뉴의 예고편은 르 코르뷔지에로부터 찾아
볼 수 있다. 얼핏 둘 사이에는 아무런 연관성이 없어 보인다. 그러
나 연결고리는 분명 있다.

포스트모더니즘이나 해체주의 모두 모더니즘에서 비롯됐다. 모
더니즘에 싫증 나면서 시작된 일들이다. 미국식 포스트모더니즘은
예전에 쓰던 것을 슬그머니 재활용하려 했고(마이클 그레이브스), 또
전에는 거들떠보지 않았던 것에서 쓸만한 걸 찾아보려 했다(로버트
벤츄리). 후자를 좀 그럴싸하게 포장하자면 재발견이다.

유럽식 포스트모더니즘은 좀 더 진취적이다. 이것도 일종의 재발
견에 가깝기는 하다. 그래도 미래 지향적이다. 기계에서 잘 써먹을
수 있는 것을 찾아보려 애썼다.

해체주의는 재활용에 가깝기는 한데 재활용 재료와 방법론에서 특별함이 돋보인다. 우선 재료 자체가 특별하다. 역사주의 양식이나 기계 같은 것에 연연하지 않는다. 좀 더 근본적인 수준에서 재료의 재활용을 시도했다. 직육면체나 구, 피라미드 같은 소위 '기본 형상'(primitive geometry 또는 elementary shapes)을 탐구 주제로 삼았다. 새로운 방법도 도입했다. 컴퓨터의 도움을 받은 것이다. 자, 이 정도 요약했으니, 이제는 르 코르뷔지에가 어떻게 1988년 MoMA 식당 신메뉴를 예고했는지를 얘기할 수 있겠다.

르 코르뷔지에의 그 유명한 책 『새로운 건축을 향하여(Toward A New Architecture)』를 들여다보자. 그가 거기서 무슨 이야기를 했는지는 그다지 중요하지 않다. 여기서 그림 한 장을 살펴보자. 생각 없이 보면 특별한 의미를 찾을 수 없다. 그런데 바로 이 그림이 예고편이다.

르 코르뷔지에는 로마 건축을 돌아봤다. 그걸 몽땅 모아 하나의 이미지로 그렸다. 다양한 관찰을 한 장에 모으는 작업이니 파블로 피카소(Pablo Ruiz Picasso)와 비슷하게 그릴 수도 있었을 것 같지만, 입체파의 표현에는 별 관심이 없었던 모양이다. 혹은 그렇게 생각하지 못했을 수 있다. 로마에서 유심히 봐 두었던 건물을 이미지 한 장에 종합했다. 여기까지도 주의를 기울여 볼 만한 특별함이 있어 보이지 않는다.

로마 건축을 모아 그린 이미지에서 눈에 쏙 들어오는 건, 로마 유적 한편에 자리한 '기본 형상'들이다. 고대 그리스와 로마 유적 옆에 직육면체·구·실린더·삼각뿔이 보인다. 자세한 설명은 없지만, 로마 건축물이 복잡하고 장식이 매우 풍부해 보여도 분석적으로 보

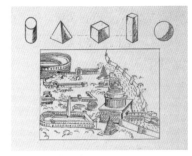

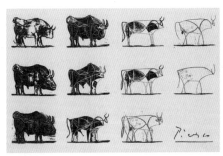

01 르 코르뷔지에가 그린 그림.
02 피카소의 스케치.
03 찬디가르에 남은 삼각뿔 건축물.

면 기본 형상들의 조합이라는 소리다. 결국, 건축적 형태는 이들의 조합인 것이다.

젊어서도, 중년을 지나서도 르 코르뷔지에는 이 형상들만으로 작품을 만들었다. 직육면체는 굳이 말할 것도 없다. 실린더는 빌라 사부아, 하버드대학의 카펜터 센터에도 사용된다. 앞 페이지에 실린 찬디가르(Chandigarh)쯤 가면 삼각뿔도 보인다. 구를 사용한 사례는 찾아보기 힘들다. 하지만 구를 평면에 투영한 원형 이미지들은 어렵지 않게 찾을 수 있다.

"로마 건축에서 추출한 기본 형상을 조합하면 모든 건축 형태를 만들 수 있다."

여기까지라면 르 코르뷔지에의 그림은 해체주의 예고편이 되지 못한다. 하지만 딱 한 발 더 나아가면 된다. '로마 건축의 형태로 환원되지 않는 무언가를 만들려 한다면 전통적인 기본 형상을 버려야 한다'라는 메시지. 드디어 행간이 보인다. 그리고 르 코르뷔지에가 그린 그림 한 장은 해체주의 예고편이 된다.

그는 『새로운 건축을 향하여』에서 새로운 건축, 즉 모더니즘을 향하는 것처럼 말하지만 사실 그 출발점에서부터 포스트모더니즘의 싹을 잉태하고 있었다. 책에 담긴 이미지 하나를 두고 이런 해석을 늘어놓는 게 과장처럼 들릴 수도 있겠지만, 르 코르뷔지에의 개인 성향을 고려해 보면 과장의 정도가 줄어들 것이다.

르 코르뷔지에는 속된 말로 '관종'처럼 튀는 걸 즐겼다고 한다. 혹자는 그를 이렇게 평가했다. 남들이 걸으면 뛰고, 남들이 뛰면 마라톤을 해야 직성이 풀리는 사람이라고. 이런 르 코르뷔지에는 자신이 주장하는 바를 다른 사람이 따른다면, 그는 분명 또 다른 얘기가 하고 싶어졌을 것이다.

남이 다 모더니즘을 받아들이는 상황에서 르 코르뷔지에가 튀어 보일 방법은 달리 없다. 그렇다고 다른 시도를 하는 것도 여의치 않다. 이래저래 해야 한다고 주장하다가 자기 말을 손바닥 뒤집듯 뒤집을 수 없기 때문이다. 그런데 그는 참 운도 좋았다. 울고 싶은데 뺨 때려주는 격으로, 모더니즘이 아닌 다른 것을 하고 싶어 하던 차에 뺨 때려주는 사람들이 나타난 것이다. 바로 '팀 텐(Team X)'이다. CIAM 중반 이후 등장한, 좀 젊은 건축가 그룹. 이들이 모더니즘을 향해 슬슬 시비를 걸더니 급기야 CIAM 막바지 무렵에는 불만을 노골적으로 쏟아냈다.

매번 같은 답안을 내기에 싫증 난 이들은 다른 답을 쓰고 싶어 한다. 답이 달라질 구실은 개별 프로젝트가 처한 상황에서 쉽게 얻을 수 있다. 부지가 다르면 해석이 달라지고, 고객이 다르면 설계가 바뀔 수 있다. 이런저런 핑계로 팀 텐은 똑같은 답을 거부했다.

이때 르 코르뷔지에의 심정은 어땠을까? 본인이 주장해 지켜온 도그마를 버릇없는 젊은이들이 무너뜨리려 한다고 고깝게 생각할 수 있다. 하지만 그러면 그냥 한물간 세대가 된다. 르 코르뷔지에 정도면 그 수준을 훨씬 넘어선다. 그는 깨끗하게 인정했다.

"젊은 건축가들이여, 너희 말이 맞다. 그렇게 하자."

자신의 주장과 신념에서 한발 물러서는 듯하지만 그런 게 아니다. 그러면 남들이 걸을 때 달리고, 남들이 뛰면 마라톤을 하는 그가 아니다. 한발 물러선 듯 보이는 순간, 그는 이미 롱샹 성당에 도달해 있었다. 그리고 롱샹 성당에서는 로마 건축에서 찾아낸 기본 형상을 더 이상 찾아 볼 수 없었다.

1988년 신메뉴 출시 이후 전시회 참여 건축가들은 좀 더 본격적으로 기본 형상을 해체하기 시작했다. 방법은 너무나 많을 것 같지만, 그렇지도 않았다. 큰 방향은 딱 둘로 나뉘었다. 앞선 장에서 말했던 예다. 하나는 직육면체를 회전하는 것이고, 다른 하나는 직육면체를 찌그러뜨리는 방법이다.

기본 형상의 해체가 시도되는 중에 방향이 하나 더해진다. 기본 형상 자체를 버리는 방법이다. 이런 시도가 전에 없던 건 아니다. 항상 있었다. 그러나 1932년, 1988년 메뉴판에 모두 빠졌다. 그것은

바르셀로나 피시는 현대 건축에서 곡면 위주의 해체주의를 여는 신호탄과 같은 역할을 했다.
한편, 프랭크 게리가 컴퓨터라는 마법의 도구에 관심을 갖게 되는 계기도 되었다.

바로 곡면을 사용하는 방법이다.

1992 바르셀로나 올림픽 상징 조형물인 프랭크 게리의 '바르셀로나 피시(Barcelona Fish)'는 곡면이라는 유구한 역사적 건축 자산을 동시대 건축으로 소환했다. 메뉴가 하나 더 추가되면서 해체주의는 직육면체 삐뚤빼뚤 쌓기, 직육면체 찌그러뜨리기, 곡면 사용하기 등 세 줄기로 큰 틀이 잡힌다.

'빛나는 도시'처럼 빛난 건축가
르 코르뷔지에, 1887-1965

스스로가 세운 원칙과 이념을 버리는 사람을 흔히 '신념의 배반자'라고 비판한다. 그런데 자기가 만든 원칙과 이념을 버리고도 칭송받는 사람이 있다. 그가 바로 르 코르뷔지에다. 그가 원칙과 이념의 유효 기간을 잘 알고 있기에 그랬을 수도, 아니면 애초부터 그에게 원칙과 이념은 남들에게 강요하는 자신의 우월감이었기에 그럴 수도 있다. 그 어느 쪽이 되었건 그가 건축가로서, 도시계획가로서 빛나는 업적을 이룬 것은 틀림없다. 그는 모더니즘 건축의 리더였고, 현대적 도시계획의 창시자였다.

빛이 강하면 그림자가 짙은 것처럼, 르 코르뷔지에 곁에는 늘 비판이 따라다녔다. 특히 그의 도시계획 이론에 대해. '권위주의적', '파시스트에게나 어울리는 도시'라는 비난이 쏟아지기도 했다. 이런 비판을 관통하는 것은 도시에 사는 개개인에 대한 배려가 부족하다는 것이다. 그러나 이런 것들은 그림자에 묻어도 좋을 듯싶다. 르 코르뷔지에가 '빛나는 도시'를 제안하던 당시는 개개인의 사정을 돌아다보는 것보다 더 급한 일들이 많았기 때문이다. 루이스 멈포드(Lewis Mumford)나 제인 제이콥스(Jane Jacobs)는 이걸 모르는 모양이다.

모더니즘 건축은 정말 지루한 것인가

대세가 포스트모더니즘을 거쳐 해체주의로 바뀌는 와중에도 배신하거나 변절하지 않고 모더니즘에 충성하는 건축가들이 있었다. 그들에 따르면 모더니즘에 싫증을 느끼는 건 모더니즘을 잘 구사하지 못하는 초짜들이 하는 투덜거림이었다. 양식이라는 틀 안에서 얼마든지 창의적인 작업이 가능하다고 믿었던 과거의 건축가들처럼, 모더니즘 틀 안에서 여전히 창의성을 펼 수 있다고 굳건히 믿는 사람들이었다.

직육면체도 잘 쌓으면 예쁘다는 입장이 그랬다. 그러면 싫증 날 리 없고, 창의성에 제약을 받을 필요도 없고, 장식 없이 장식적 효과를 거둘 수도 있다는 주장이었다. 이런 류의 대표적인 건축가가 바로 리처드 마이어(Richard Meier)다.

리처드 마이어는 직육면체 '예쁘게 쌓기'의 진수를 보여 준다. 모더니즘의 틀 안에서도 얼마든지 재밌는 형상을 만들 수 있고, 무한한 창의를 건물에 구현할 수 있다고 외쳤다. 그는 모더니즘으로 모더니즘의 진부함을 걷어냈다. 자세히 뜯어보면 모더니즘 전통과 다를 바 없는 직육면체 조합이지만 싫증 대상으로 전락한, 그런 모더니즘이 아니다.

20세기 초반, 독일 건축가 루드비히 힐버자이머(Ludwig Hilber-seimer)와 비교하면 리처드 마이어의 예쁘게 쌓기 '신공'이 두드러질 것이다. 루드비히 힐버자이머는 직육면체라는 단위를 규칙적으로 쌓아 올려 건축물을 만든다고 대놓고 이야기했다. 지금 우리나 리처드 마이어의 눈으로 보자면 시각적 횡포에 가깝지만, 그때는

루드비히 힐버자이머와 그가 설계한 시카고 트리뷴.

효율성과 공공이익 추구가 아름다움을 이기던 시대였다. 시각적인
가치가 중요한 가치가 아니었다. 당대 사람들은 가장 경제적이며,
더 많은 사람을 위한 공간이 필요했을 뿐이다. 이 같은 접근에 따르
면 획기적인 방법이었고, 당연히 환영받았다.

그때는 루드비히 힐버자이머처럼 생각하는 사람들이 많았다. '시
카고 트리뷴(Chicago Tribune)' 현상설계에서 신고전주의적 양식의
건물이 당선된 걸 그리도 안타까워하지 않았던가. 그와 같은 생각
을 한 사람은 많았지만 실현된 사례는 없었다. 특히 루드비히 힐버
자이머의 '하이 라이즈 시티 프로젝트(High Rise City Project)'처럼
대규모 공공주택이 유럽에 세워지려면 아주 많은 시간이 흘러야 했
다. 그의 꿈은 대한민국 분당쯤 와서야 실현됐으니….

예쁘게 쌓는 것이 중요했다면, 루드비히 힐버자이머가 못했을 이

01 하이 라이즈 시티 프로젝트.
02 분당의 아파트 단지.

유도 없었다. 시대정신이 요구하는 바가 달라 그리하지 않았을 뿐이었다. 리처드 마이어의 시대쯤 되어야 효율성이 아름다움을 압도하는 제약에서 슬슬 벗어났다. 포스트모더니즘의 출현과 해체주의의 유행은, 따지고 보면 아름다움을 추구해도 좋을 만한 사회 여건 덕이다.

리처드 마이어는 마음 놓고 '예쁘게 쌓기'를 했다. 그의 직육면체 예쁘게 쌓기는 외견상 모더니즘의 연장선이기는 하지만 그 맥락에

리처드 마이어가 설계한 강릉 씨마크 호텔.

서 볼 때 낯선 풍경이었다. 모더니즘의 틈바구니를 비집고 자신만
의 건축으로 선 것이다.

리처드 마이어의 '모더니즘 비슷한 건축'과 정통 모더니즘은 공
통점이 참 많다. 직육면체를 쌓는다, 그래서 단순한 매스를 지향한
다, 장식을 배제한다 등. 이런 맥락이라면 그의 건축은 모더니즘적
이다. 그런데 그게 아니다. 리처드 마이어의 건축은 단순한 매스를
쓰긴 하지만 장식이 과하다. 누군가 이렇게 물으면 좋겠다. 그의 건

축에서 어떤 장식을 찾을 수 있어요?

사실 그의 작품에서는 장식이 너무 커 잘 보이지 않는다. 건축물 자체가 그대로 장식이라 해도 될 것이다. 그렇게 예쁘게 쌓기에 성공해서 예쁘게 보인다면, 장식적이라 해도 비판받을 이유가 없다. 물론 누군가는 장식적이라 부를 수 없다고 반박할 수도 있다. 하지만 둘 다 아니다. 마이어의 건축은 장식적이라고 부를 수밖에 없는 까닭이 있다.

조형 예술의 아름다움에 눈떴는지 아직은 아닌지, 평가해 볼 방법이 있다. 불국사의 두 탑, 석가탑과 다보탑 중에서 어떤 게 더 멋있어 보이는지 물으면 상대의 심미안 수준을 알 수 있다.

다보탑.

석가탑.

결론부터 말하면 불국사 마당에 있는 두 탑 중에서 석가탑이 더 아름답다고 해야 세련된 안목을 인정받을 수 있다. 다보탑이 더 아름답게 보인다고 말하려면, 심미안을 지닐 필요가 없다. 누가 보더라도 다보탑은 그럴싸해 보인다. 그런데 조형 예술을 공부했다거나 좋은 조형물을 봐 왔다는 사람들은 하나같이 석가탑을 더 아름답다고 꼽는다.

조형 예술품 중 첫인상은 끌리지만, 금세 질리는 형상들이 있다. 지나치게 복잡하고 불필요해 보이는 장식이 많은 경우가 그렇다. 그런데 이런 형태가 대중의 눈에는 쉽게 다가간다.

비평가들은 흔히 석가탑이 더 아름다운 형태라고 하면서 "오래 보면 그렇게 된다."라고 한다. 왜 그렇게 되는지 재차 물으면 "시간이 흘러보면 그때 저절로 알게 된다."라고 한다. 사실 자신도 잘 모르겠다는 뜻이다. 그래도 이 말은 덧붙는다.

"많은 사람이 오래 보면 대개 다보탑의 화려함보다 석가탑의 간결미에 더 끌리니 석가탑이 더 아름다운 것이 확실하다."

결국, 다보탑과 석가탑 중 어느 탑이 더 아름다운가를 판별하는 기준은 통계가 될 것이다. 소위 전문가들의 주장을 더 들어보자.

숫자를 콕 집어 말할 수 없지만, 백 명에게 십 년간 물으면, 처음에는 다보탑을 택하는 비율이 높지만, 시간이 흐를수록 석가탑을 고르는 이들이 늘어난다고 한다. 십 년쯤 지난 후에는 석가탑이 아름답다고 하는 비율이 높아진단다.

세월이 흘러 저절로 아름다움의 기준이 바뀌는 건 아니다. 이런 변화는 시간의 흐름과 함께하지 않는다. 그렇다면 이들의 주장의 뼈대는 뭘까. 아름다움에 대한 감수성을 꾸준히 연마할 경우 그렇단다. 어떻게 연마하느냐 물으면 구체적인 방법을 말하지 못한다. 그저 자꾸 보면 그렇게 된다고만 한다.

혹자는 '아는 만큼 보인다'라면서 다보탑과 석가탑에 관해 뭐든 더 알게 되면 그런 눈이 생긴다고 한다. 이런 말을 들으면 되묻고 싶다. 어느 한순간 그리 되는 것인지, 아니면 점진적으로 그런 건지. 물어보고 싶지만 그럴 필요는 없다. 그 누구도 답을 내놓기 어렵기 때문이다.

심미안을 지니는 것은 불교에서 말하는 해탈에 도달하는 것만큼이나 설명이 어렵다. 해탈에 이르는 갖가지 방법을 말하지만, 아무도 누구 말이 맞는지 모른다.

심미안과 관련해도 똑같다. 나 역시 딱 부러지게 말할 자신은 없다. 하지만 다보탑이 아름답다고 하는 사람을 단 십 분 만에 석가탑이 더 아름답다고 하게 할 묘수가 있다.

그건 이 질문으로 시작한다.

"다보탑과 석가탑 중에 어느 것이 더 만들기 어려울까?"

탑을 구성하는 수많은 부품을 보고 있노라면 당연히 다보탑 만들기가 더 힘들 것 같다. 두 탑을 비교하면 석가탑은 좀 단순하지 않은가? 만들기 위해 쓰인 부품 수도 몇 안 되고, 그마저도 반듯하게 다듬기만 하면 되니.

물건을 만드는 데 드는 품과 그것이 얼마나 만들기 어려운 것인가가 작품에 대한 인상을 다르게 만든다. 얼핏 다보탑이 아름다워 보이는 데는 이런 이유가 얼마간 작용할 것이다. 그런데 사실 제작 과정이 더 까다로운 건 석가탑이다. 다보탑은 부품 개수는 많지만, 하나하나 정밀하게 다듬을 필요가 없다. 다보탑을 실제로 만든다면 중급 기술자 여럿에게 각자 부품을 몇 개씩 만들라고 하면 된다. 기술자마다 세공 솜씨에 차이가 있어도 부품을 모아 놓고 보면 차이를 감지하기 어렵다. 다보탑은 작은 부품 다수가 모여서 하나를 만들기에 더욱 그렇다.

그러나 석가탑은 몇 안 되는 부품으로 구성되니 세심하고 정교한 작업이 필수다. 석가탑의 정교함을 구현하는 건 중급 기술자 백명이 있어도 불가능하다. 부품 수가 적기 때문에 생기는 문제가 또 있다. 다보탑은 여럿이 같이 일할 수 있지만, 석가탑은 공동 작업이 어렵다. 부품 하나하나가 자신의 정체성을 분명하게 드러내면서도, 전체적으로 한 사람의 솜씨처럼 보여야 하기 때문이다.

그렇다면 결론은? 석가탑이 다보탑보다 훨씬 만들기 어렵다. 숙련된 고급 기술자만이 만들 수 있다. 앞의 설명을 듣고 나면 바로 석가탑이 더 그럴싸해 보이지 않는가? 다보탑이 훨씬 많은 수의 장식적인 부품을 사용하고 있지만, 거칠고 조악하다. 너무 많은 부품으로 구성돼 있다 보니 어느 하나만 도드라지지 않는다. 그래서 어느 정도의 조악함이 용납됐기 때문일 것이다. 석가탑은 탑 전체가 하나의 장식이다. 어느 한 곳에서도 조악함이 용납되지 않는다. 완벽해야 한다.

이쯤 되면 난데없이 다보탑, 석가탑 얘기가 왜 나왔는지 알게 된

리처드 마이어의 바르셀로나 현대 미술관(Museo de Arte Contemporáneo de Barcelona).
백색 표피와 투명한 유리의 조화, 그리고 정교한 디테일이 '이것이 리차드 마이어의 건축'이라고
말하고 있다.

다. 리처드 마이어의 건축은 단순하다. 특히 역사주의 양식과 비교
하면 그렇다. 그런데 리처드 마이어의 작품이, 그의 건축에 주어진
'백색 미학'이라는 수식어가 어울리는 상태가 되려면 대단히 정교
해야 한다. 단순하면서 정교하려면 엄청난 품이 들어간다. 들어가
는 품의 값으로 치자면 리처드 마이어의 건축을 장식으로 휘감아
놓는 것보다 비싸다. 그의 건축은 그 자체로 장식이 된다.

　모더니즘 건축은 싸게 짓기 위해 장식을 배제했다. 그래서 단순
해졌다. 리처드 마이어의 건축은 단순해지고 싶었다. 아주 극단적
으로. 그런 극단적 단순함을 견뎌내기 위해서는 정교해야만 했다.

그의 건축은 정교함으로, 단순함을 단순하게 모방할 뿐이다. 놀라울 따름이다. 리처드 마이어는 모더니즘 맥락에서 머무는 듯하지만, 그의 건축은 과다한 장식일 뿐이다. 그래서 그 역시 포스트모더니스트다.

백색 장식의 건축가
리처드 마이어, 1934-

2021년 기준으로 반 세기 넘게 작품 활동을 하면서 한 번도 박스를 버린 적이 없다. 분명 모더니즘의 모범생이다. 르 코르뷔지에보다 더 르 코르뷔지에적이라고 평가받기도 한다. 너도 나도 박스가 지루하다며 떠날 때도 그는 박스를 끌어안고 기하학적 단순성이 보여 줄 수 있는 아름다움의 극단을 추구했다. 형태에 대한 평가는 접어두고, 백색과 디테일에 초점을 맞춰 보면 그는 장식의 대가이기도 하다.

청담동에서 만난 예쁘게 쌓기

단순한 건물이 더 장식적이라는 것을 아시나요?

내가 재직하는 건축대학에서는 매달 세미나를 연다. 교수들이 돌아가면서 그간 연구한 것을 발표하기도 하지만, 절반 정도 비율로 외부인을 초청해 얘기를 듣는다. 주로 실무 건축가가 오는데, 그들 중 젊은 건축가들의 인기가 높다.

젊은 건축가와 중견 건축가 사이에는 차이가 좀 있다. 설계 스타일에서는 차이가 보이지 않는다. 열정도 마찬가지다. 그러나 그 열정을 드러내느냐 숨기느냐의 차이가 있다. 중견 건축가는 애써 감추려 한다. 젊은 건축가는 열정을 드러내기에 주저함이 없다. 중견 건축가는 작은 인기척에도 귀를 쫑긋 세우고, 젊은 건축가는 호기심이 많고 에너지가 넘친다.

젊은 건축가는 자신의 열정을 다양한 방식으로, 다양한 지점에서 표현한다. 개중 인상적인 건 '디테일'에 대한 집념이다. 예를 들어 젊은 건축가들은 계단 난간이 조금이라도 틀어지는 것 같은 디테일에 대단히 민감하다. 구상한 것과 1도만 어긋나도 참지 않는다. 완성된 난간을 뜯어내고 다시 반듯하게 맞춰야만 직성이 풀린다. 중견 건축가도 마찬가지일 테지만, 그걸 굳이 드러내지 않는다.

디테일에 대한 집념은 어디서 왔을까? 그저 단순함이 아닌 '정교한 단순함'이 필요하다고 생각했기 때문일 것이다. 한국 전통 목구조의 쇠서 각도가 1도가 치솟았든 2도가 쳐졌든 문제 삼을 사람은 없다. 누가 봐도 전체적인 공포 모양에서 쇠서 하나의 마감이 중요하지 않다는 것을 잘 알기 때문이다.

그러나 모더니즘 건축에서는 작은 차이가 정말 중요하다. 구상한 것과 1도가 달라지면 그만큼 크게 티가 난다. 구조가 단순하니 디

쇠서

전통 목구조의 공포.

테일이 더 강조된다. 수백 개 부품 중 하나가 구상과 다른 건 용납할 수 있지만, 단지 몇 개의 부품으로 구성되는 단순함에서 마감은 생명이다. 그래서 건축가들은 시공자나 클라이언트에 의해 쉽게 무시되는 정도의 작은 디테일에도 목숨을 걸고, 집요하게 바로잡으려 한다. 이게 다 싸게 짓기 위한 모더니즘이 아니라 '모더니즘이 되기 위한 모더니즘'이라서 그렇다.

이와 비슷한 맥락에서 마크 위글리(Mark Antony Wigley)는 모더니즘 건축을 '백색의 장식'이라고 했다. 백색은 단순함을 강조하기 위해 쓰인 단어지만, 리처드 마이어를 설명할 때 아주 잘 맞는다.

리처드 마이어의 건축이 그만의 특징을 지니려면 정교함이 살아야 한다. 젊은 건축가의 모더니즘 또한, 뼈를 갈아 넣는 고된 작업 끝에 얻은 디테일 없이는 스스로 만족할 수 있는 건축이 될 수 없다. 그래서 모더니즘인 듯 보이는 요즘 시대의 모더니즘은 '디테일로 휘감은 값비싸고 화려한 건축'이다.

모더니즘처럼 보이는, 모더니즘 스타일의, 포스트모더니즘이 우리 도시의 낯선 풍경으로 등장했다. 선뜻 낯설어 보이지 않는 것은 이들이 너무도 모더니즘을 닮았기 때문이다. 얼핏 모더니즘 스타일 같지만 그렇지 않다는 걸 인식하려면 약간의 전문 지식이 필요하다. 특히 사용 재료가 얼마나 비싼 것인지를 알려면.

낯섦을 확인하고 감상하려면 멈춰 서서 바라보는 정도의 성의는 있어야 한다. 거기에 건축학 지식이 있다면 좋다. 그러나 후자가 필수는 아니다. 성의만 있으면 알아챌 수 있다. 어떤 대상이 뭔가 다른 점이 있다는 걸 인식하는 방법을 앞서 몇 차례 언급했다. 애매하게 낯선 모더니즘을 흉내 내는 포스트모더니즘 스타일은 주변과 비교하면 그 특징이 어렵지 않게 드러난다. 아래 사진 속 옆 건물과 비교할 때 쉽게 눈에 들어오는 차이는 다음과 같다.

1) 매스를 잘게 나누어 대여섯 개 정도의 직육면체를 사용한다.
2) 직육면체를 예쁘게 쌓아놨다.

여기서 말하는 '예쁘게'라는 표현이 좀 모호하다. 쌓아 놓은 직육면체의 조합이 약간 복잡해 보인다. 여기까지는 쉽게 관찰할 수 있다. 그다음에는 눈썰미가 필요하다. 듣기에 따라 건축 지식이 좀 있어야 할 것 같다고 생각할 수 있다.

직육면체이긴 한데 좀 덜 '솔리드(solid)'한 직육면체를 사용한다. '솔리드'하다는 표현은 건축 하는 사람들은 자주 쓰지만 일반인에게는 그렇지 않다. 설명이 뒷받침되어야 한다. '솔리드'는 '보이드(void)'의 반대말이다. '보이드'는 비어 있는 형상을 말한다. 그러니 '솔리드'하다는 것은 꽉 차 보이는 단단한 형상을 말한다.

직육면체를 만들기 위한 재료에는 크게 두 종류가 있다. 하나는 '솔리드' 직육면체이고, 다른 하나는 '보이드' 직육면체이다. 진짜 모더니즘 시절에는 '솔리드' 직육면체만

보이드 직육면체.

썼다. 그 까닭은 두 가지가 있었다. 기술 탓과 경제적인 이유였다.

'보이드' 직육면체는 '솔리드'한 덩어리에서 공간을 파내거나 유리 같은 재료를 사용해 내부를 들여다볼 수 있도록 만든다. 모더니즘 시대라고 해서 유리를 못 만든 건 결코 아니었다. 그때도 흔히 사용하던 재료였다. 문제는 보이드로 보이는 직육면체를 만들자면 건축물의 매스를 구성하는 한 면 전체를 유리로 뒤덮어야 했는데, 이게 만만치 않은 기술이 필요했다. 무엇보다 판유리를 크게 만들 수 있어야 했고, 그렇게 만든 판유리에 강도가 확보돼야 했다.

이런 얘기를 듣자마자 미스 반 데어 로에가 생각나는 분이 있을 것도 같다. '바르셀로나 파빌리온(Barcelona Pavilion)'을 보면 유리를 사용해 보이드에 가까운 직육면체를 만들고 있지 않은가? 그것을 흉내 냈다고 하는 필립 존슨의 '글래스 하우스(The Glass House)'도 마찬가지다. 이런 사례를 들어 모더니즘 건축에서는 보이드 직육면체를 쓰지 않았다는 내 얘기를 반박할 수 있지 않을까?

앞선 두 사례는 아주 특별한 예외로 봐야 한다. 거리에서 마주한 건물에서 채택해 사용하기 어려운 재료였다. 그리고 이걸 다시 한 번 떠올려보자. 디테일에 목숨 거는 순간이 오면 그건 벌써 모더니즘이 아니라 모더니즘 흉내를 내는 모더니즘이라는 것을. '바르셀로나 파빌리온'이나 '글래스 하우스'쯤 되면 진정한 모더니즘이라고 보기도 힘들다.

'보이드' 직육면체를 사용하기 곤란한 두 번째 이유는 경제성이 떨어지기 때문이다. '보이드'를 만들자면 사용 공간을 손해 봐야 한다. 직육면체를 쌓아 건축 형태를 만들 때 건물 여기저기를 뚫으면 대체로 멋있어 보인다는 걸 건축가 누구나 다 알고, 동의한다. 그럼

01

02

01 바르셀로나 파빌리온.
02 글래스 하우스.

에도 당시에는 멋보다는 실용이 강조되었기에 그럴 수 없었다.

진짜 모더니즘이 아닌 모더니즘을 흉내 내는 건축들이 멋 부려도 좋을 만한 사회·경제적 여건이 되어서야 비로소 변화가 생긴다. 실내에 얼마나 많은 사용 공간을 확보하느냐보다 매력적인 건물을 만드는 게 더 중요하게 된 때를 말한다.

모더니즘 시절은 공간에 대한 양적 요구가 거세게 증가하던 때였다. 당시 사람들이라고 공간의 질에 관심이 없었을 리 없다. 알면서도 양에 초점을 맞출 수밖에 없었다. 그때는 건물을 짓기만 하면 입주사가 줄을 서던 시절이었다. 집을 지어 자기가 사용할 목적이 아니라면 굳이 돈을 더 들여 잘 지을 필요가 없었다. 자기가 살 집만 멋지게 지으면 됐다. 시절이 바뀌고, 지어서 남에게 팔 집도 예뻐야 할 필요가 생겼다. 이제는 짓기만 하면 입주자가 줄 서는 일은 없다. 입주자의 눈에 들어야 한다. 그리고 입주자는 고객의 취향도 고려해야 한다.

기술의 발전과 사회·경제적 상황 변화로 '보이드' 직육면체를 사용하기가 수월해졌다. 그리고 필요해졌다. 이렇게 보면 건축 양식의 변화는 건축 자체보다는 외적 영향을 더 받는 것 같다. 건축가가 아무리 새로운 것을 시도해도 시대에 맞지 않으면 불가능하다. 시대와 건축가는 서로 영향을 주고받는다. 시대정신을 알아차리려고 노력하는 이들이 건축가이고, 건축가의 작은 노력이 모여 한 시대에 쓰여야 하는 건축 방식을 알려준다. 그건 건축가가 선택 가능한 방법으로 돌아온다. 이 과정이 순환적으로 반복된다.

사이비 모더니즘이 익숙함과 낯섦 사이를 왔다 갔다 할 수 있는 것은 결국 '보이드' 직육면체 덕이다.

아주 낯선 것보다는 묘하게 낯선 게 더욱 이목을 끌기 쉽다. 지나치게 낯설면 처음 시선을 끌기에는 좋지만, 쉽게 질려 버린다. 사이비 모더니즘은 모더니즘의 바통을 이어받고, 거기에 포스트모던한 장식을 더하면서 유쾌한 낯섦으로 우리 곁에 훌쩍 다가왔다.

플라톤의 건축가
미스 반 데어 로에, 1886-1969

모더니즘의 또 다른 이름은 기능주의다. 이런 입장에서 건축의 형태는 기능을 충족시키기 위한 과정의 결과물일 뿐이다. 그래서 "형태는 기능을 따른다(Form follows function)."라는 말이 나온다. 장식은 자연히 배제된다. 장식을 걷어내고 순수하게 기능을 충족시키기 위한 건축은 단순하다. 그래서 "적을수록 좋다(Less is more)."라는 말이 나온다. 미스 반 데어 로에를 가장 간략하게 설명하자면 앞의 두 문장이 적격이다. 본질을 가리는 장식과 그로부터 비롯되는 왜곡을 비난했던 플라톤이 들었으면 좋아할 만한 언술이 분명하다. 그런 생각을 형태적으로 구현한 것이 미스 반 데어 로에니, 그의 건축을 플라톤이 보았다면 틀림없이 흡족해 했을 것이다.

청담동에서 흔히 보이는 정체불명의 건물들

낯섦이라는 느낌은 형태적인 요소로부터만 생기는 건 아니다. 다른 게 하나 있는데, 이게 재밌다. 용도다. 모더니즘 그리고 포스트모더니즘이라고 부르는 시기의 건물은 딱 보면 용도를 눈치챌 수 있었다. 성당은 성당 같고, 궁궐은 궁궐처럼 보였다. 공장은 공장, 사무실은 사무실, 상점은 상점처럼. 그런데 왜 그런 걸까?

대체로 무엇이 무엇처럼 보이는 데는 두 가지 이유가 있다. 하나는 필요한 기능을 수행하는 데 초점을 맞춰서다. 공장이 대표적이다. 공장이 효율적으로 기능하도록 내부 공간을 만들다 보면 자연스레 '공장 같은' 형태가 나온다. 다른 하나는 건축 형태나 공간 구조를 통해 특별하게 행해지던 의례를 표현하기 위해서다. 궁궐과 성당이 그 예다. 이 두 요소가 형태를 결정하는 데 꽤 큰 역할을 해왔지만 근래에 많이 달라졌다.

물고기는 왜 대체로 길고 뾰족할까? 물살을 쉽게 가르고 헤엄치려면 그런 형태가 되어야 한다. 왜 새들의 뼈는 속이 비어 있을까? 몸이 가벼워야 잘 날 수 있으니 그렇다. 건축물도 그렇다. 내부 기능을 감싸는 껍데기가 건축의 형태이기에, 형태는 기능을 따를 수밖에 없다. 그래서 모더니즘 건축가는 "형태는 기능을 따른다."라는 그 유명한 말을 남겼다.

그러나 기술의 발달은 기능과 형태의 명백한 일대일 관계에 변화를 가져왔다. 필요한 기능을 수행할 수 있는 기술은 다양해졌고, 어떤 기술을 선택하느냐에 따라 형태가 달라진 것이다.

건축물의 형태에서 전통적으로 그 건물에 요구되는 기능과의 관계성이 약화된 것은 의례적 기능에 변화가 생겼기 때문이기도 하다. 도서관을 예로 들어보자. 도서관은 어떤 기능을 하는 곳인가? 정보를 수집하고 배포하는 게 전통적인 도서관의 역할이다. 그런데 요즘은 도서관을 좀 다르게 바라본다. 카페 혹은 놀이 공간 비슷하게 접근한다. 이렇게 의례적인 기능에 변화가 생기면 당연히 형태도 달라진다.

중세 유럽에서 도서관의 기능은 무엇이었을까? 〈장미의 이름〉(1989)이라는 영화를 본 사람들은 중세 도서관 기능이 특별했다는 걸 눈치챌 수 있다. 당시에도 도서관은 정보를 수집하고 보관했지만 영화에서 보면 독특한 기능이 하나 더 있다. 정보를 일반인으로부터 차단한다. 아리스토텔레스의 '시학'을 끝까지 숨기려고 애쓴다. 등장하는 도서관의 형태에도 그런 목적이 반영돼 있다. 미로가 있고, 쉽게 접근할 수 없는 공간 구조와 형태를 지닌다.

현대와 정반대로 정보 차단 기능을 한 건 중세 수도원 도서관만이 아니다. 고대 중동과 이집트의 도서관도 그랬다. 지배 계층끼리만 정보를 공유하고자 했고, 일반인의 접근을 차단했다. 현대 도서관과 과거 도서관이 정보 공유에서 정반대로 기능했다는 점을 생각해 보면 건축물의 의례적 기능이 고정불변이 아니라는 것을 알게 된다. 건축물이 수행해야 할 기능과 그 기능을 수용하는 방법 간의 관계는 임의적이다. 이런 상황이라면 기능에 부합하는 형태와 공간 구조

영화 <장미의 이름>의 한 장면.

를 만든다는 것은 그다지 큰 의미가 없는 셈이다.

여기서부터 건물이 제 역할을 드러내는 형태를 지닌다는 게 특별한 의미를 지니지 못하게 됐다. 도서관인데 카페 같기도, 기차역 대합실 같기도 한 이런 임의적 관계가 시대적 맥락과 함께한 것이다.

사이비 모더니즘이 낯설게 보이는 가장 큰 이유가 여기서 발견된다. 기능과 형태의 연결 관계를 벗어던지고 나니 "이건 뭐야?"라는 말이 쉽게 나온다. 이는 아직 뭔지 잘 모르겠다는 것이고, 잘 모르겠다는 건 낯설다는 얘기다.

전통적인 기능과 형태의 일정한 관계가 깨지면서 생기는 낯섦이 언제나 유쾌한 것은 아니다. 때로는 당황스럽다. 그렇지만 한두 번 정도 경험하고 그런 감정에서 쉽게 벗어날 수 있다면 불편함은 감수할 만하다. 때로 그런 낯섦은 유희적 재미의 근원이기도 하니, 사람을 '잠시' 당황하게 만드는 게 감동을 주는 방법이 되는 시대다. 언젠가 본 것 같은데 좀 다른 맛. 이런 맥락에서 낯섦은 늘 익숙함으로부터 시작하는 게 좋다.

뼈를 갈아 넣은 장식적 모더니즘은 제법 낯선 풍경에서 시작해 이제 슬슬 우리 눈에 익숙해지는 것 같다. 이제는 카페같지 않은 카페 건물에서도 당황하지 않고, 미술관인지 점포인지 모를 정체불명의 건물을 봐도 놀라는 일은 없다. 낯설어서 느껴지는 약간의 당황스러움이 자연스러운 것으로 받아들여졌다. 이제 사이비 모더니즘의 상징이 되었다. 오히려 보는 이를 당황스럽게 하지 않는 건물은 진부할 정도다.

01

02

03

01 청담동 길거리의 건물들.
모더니즘 건물이 필립 존슨을 연상케 하는 포스트모더니즘 건물과, 프랭크 게리를 떠올리게
하는 해체주의 양식 건물 사이에 보인다.

02 청담동의 어느 카페 건물.
장식이 배제된 단순한 매스로 보면 분명 모더니즘 양식이지만 자세히 보면 모더니즘을
흉내낸 값비싼 건물임을 알 수 있다.

03 안도 다다오의 스미요시 주택(Azuma House in Sumiyoshi).
단순하고 장식이 배제된 매스가 모더니즘의 정수로 보인다. 얼마나 많은 비용을 들였는지
알게 되면 더 이상 모더니즘으로 이해되지 않는다.

04

삐뚤빼뚤 쌓기의 원조

프랭크 로이드 라이트와 렘 쿨하스의 차이

나는 대학을 오래 다녔다. 학부·석사·박사를 모두 합하면 십오 년
이 조금 넘는다. 학교도 여러 곳을 다녔으니, 만나본 교수님도 많
다. 개중 특별한 사람이 있었다. 미시간대학에서 만난 로드니 파커
(Rodney Parker) 교수다. 그는 건축 비평을 전공했다. 학부는 하버드,
석사는 MIT에서, 박사는 버클리에서 마쳤다. 미국의 명문 건축대학
이라는 곳은 모두 거쳤다.

　로드니 파커의 전공은 건축 비평이지만 건축설계도 강의했다. 주
로 이론적인 설계방법론을 가르쳤다. 한 학기 설계 교육 시간의 절반
을 잘라 특별한 연습을 하기도 했다.

　전반기 과제는 '누구누구처럼 보이기'였다. 건축가 중 아무나 원
하는 사람을 골라야 했다. 선택에 제한은 없지만 그래도 좀 유명한

사람이어야 했다. 과제의 목표가 그 사람처럼 보이는 설계를 해야 하니, 선정한 건축가가 생소하면 그 사람 비슷하게 했는지 아닌지 자체를 알기 어렵기 때문이다.

로드니 파커 교수의 이론 과목 중 학생에게 가장 인기가 있던 강좌는 '건축적 유혹(Architectural Seduction)'이었다. 그때나 지금이나 미국인들은 작명을 참 잘하는 것 같다. 과목명 자체가 유혹적이지 않은가? 대학원 강의가 대체로 그렇듯 이 강좌도 잘 알려진 사실을 배우기보다 알려지지 않았거나 다르게 알려진 사실들을 집중적으로 탐구했다. 수업 도중 건축가들이 클라이언트를 설득하는 방법이 어떠했는지 공부했다. 결론은 상당히 열린 상태였지만, 그래도 뚜렷한 지향점은 있었다. 값비싼 수업료를 낸 수업이니 당연히 그래야만 했다.

세계적으로 유명한 건축가 중에 세대가 다른 두 그룹을 모아 놓았다. 앞세대 대표가 프랭크 로이드 라이트라면 뒷세대 대표는 피터 아이젠만이었다. 앞세대는 소위 근대 건축 거장들, 뒷세대는 현대 건축을 주도하는 건축가들이다. 앞세대에는 르 코르뷔지에, 루이스 칸도 이름을 올렸다. 뒷세대에는 렘 쿨하스도 포함됐다.

수업은 로드니 파커 교수가 자신의 탐구 결과를 알려주고 학생들이 이해하는 방식이 아니었다. 선정한 건축가들의 글과 관련 시청각 자료를 보는 게 기본이었다. 물론 자신이 설계한 건축물에 대한 설명이 주(主)였다. 그다음은 이 건축가들이 클라이언트를 어떤 방식으로 설득하는지에 초점을 맞췄다. 참여 학생들은 자기만의 시각으로 건축가들의 말과 행동을 분석했다. 때로 그럴듯한 분석을 제시하는 학생도 있었지만, 횡설수설도 꽤 많았다.

그럴듯한 분석을 들으면 칭찬이 나오는 것은 당연하다. 하지만 횡설수설이라 해도 비난할 일은 전혀 아니다. 사실 그럴듯한 분석은 발표자의 것이니 칭찬 외에 수업 참여자가 얻을 건 별로 없다. 오히려 횡설수설에서 배울 기회가 생긴다. 그리고 듣는 이의 참신한 각성을 이끄는 실마리가 된다.

참여 학생들이 다른 이의 의견을 듣고, 자신의 견해를 완성해 가는 과정 중에 교수가 슬쩍 생각을 드러냈다. 물론 동의할 필요는 없었다. 하지만 들어보니 꽤 설득력이 있었다. 그의 결론은 이거였다. 거장의 시대, 건축가들은 '이래야 한다'라고 했고, 현대 건축은 '이런 것도 좋다'고 했다.

로드니 파커 교수의 말을 빌리자면 르 코르뷔지에는 '주거는 리빙 머신(machinne for living)'이라면서 미래에는 이런 집에서 살아야 한다고 '단언'했다. 건축이 지니는 힘에 대한 확신에서는 프랭크 로이드 라이트도 뒤지지 않는다고 했다. 그는 건축이 사람에 미치는 영향을 이용해 미국을 바꿀 수 있다고 했으니 말이다. 그 말을 들으니 '유명 건축가들이 괜히 거장이 아니구나'라며 고개를 끄덕일 수밖에. 현대로 와 피터 아이젠만, 렘 쿨하스의 이야기를 듣고 있으면 전 시대와 결이 다르다는 것을 금방 느낀다. 정말 구구절절하다.

"내가 이런저런 고안을 해서 건축물에 담았는데, 그게 왜 필요하고 이래서 잘 작동한다."

이를테면 이런 식이다. 긴말이 필요 없는 거장과 뭐든 설명해서 이해시키고 설득해야 하는 현대 건축가의 차이가 간명하게 보인다.

현대 건축가가 꼭 건축물에 설명을 붙여야 하는 게 안타깝다. 특히 그들만 놓고 볼 때는 건축가가 클라이언트를 향해 저자세를 취하고 있다는 생각을 전혀 못 했는데, 거장과 비교해 보니 확연한 차이가 느껴진다.

이쯤 해서 스피로 코스토프(Spiro Konstantine Kostof)의 『아키텍트(The Architect)』라는 책에 포함된 삽화 하나가 생각난다. 성당 모형을 완성해서 클라이언트에게 바치는 건축가의 모습이 담겨 있다. 모형 양쪽에 두 명의 클라이언트가 보인다. 모형은 꽤 크고 무거워 보인다. 클라이언트들이 손끝의 힘으로 쉽게 들 수 있는 크기와 무게는 아니다. 그래도 그들이 그리 사뿐히 모형을 들 수 있는 건 건축가가 모형 밑으로 들어가 잔뜩 구부린 자세로 떠받치고 있기 때문이다.

스피로 코스토프의 삽화를 보면 볼수록 거장 시대의 건축가가 더 멋져 보일 수밖에 없다. 어쩌다 현대 건축가들은 저 모양이 되었을까. 아쉬움이 따른다. 제법 유명하다고 하는 저 현대 건축가들의 후배들은 지금도 건축주를 위해 디테일 구현에 뼈를 갈아 넣고 있으니….

'초록은 동색'이라고, 선배 건축가들이 더 멋있는 사람이었

『아키텍트』의 한 삽화.
하대 받고 있는 건축가를 상징한다.

으면 하는 생각을 건축인이라면 누구라도 할 것이다. 클라이언트의
마음에 들기 위해 구구절절 설명하는 현대 건축가의 모습은 그다지
유쾌하지 않은 장면이다.

청년 시절 파블로 피카소도, 구스타브 클림트(Gustav Klimt)도 그
랬을 것이다. 구구절절한 설명은 사실 근대의 뿌리이기도 하다. 공
공이 필요로 하는 생각을 전달하는 게 아니고 자신의 생각을 전달
해야 했기 때문이다. 게다가 건축가의 생각이라는 것이 우선 클라
이언트에게 참신하게 다가가야 하는 것 아닌가? 낯선 것을 실명하
자니 말이 길어지고 구차해질 수밖에 없다.

거장 시대의 건축가들의 주장도 당시 사람들에게 낯선 것일 수밖
에 없었다. 그러나 적어도 당시 사람들에게는 사회가 공유하는 목표

건축의 힘을 믿었던 건축가
프랭크 로이드 라이트, 1867-1959

'유기적 건축'이라는 말이 프랭크 로이드 라이트의 건축을 대표하기도
한다. 건물이 주변 환경에 자연스럽게 녹아든다는 뜻이다. 이는
주거 작품에서 잘 드러난다. '유기적' 외에 한마디를 더 붙이자면
'미국적'이라고 부를 수밖에 없는 입면 구성을 보여 준다.
그의 건축 형상에서 매스는 분명 모더니즘 스타일이지만, 입면은
모더니즘이라고 부르기 어려운 그만의 독특함이 있다.
아울러, 프랭크 로이드 라이트는 건축의 힘을 확신한 건축가였다.
말년에 그는 당시 젊은이들의 나태함을 비판하면서 건축을 통해
젊은 세대의 정신을 개조할 수 있다고 주장했다.

가 제법 분명했다. 현대 건축가들은 맨땅에서 자신의 건물을 지어 올려야 하지만, 거장 시대 건축가들은 사회적 지향점이 상대적으로 분명하여 설명이 길 필요가 없었다. 그리고 한 가지 더 있다. 당시 거장들에게는 말년의 피카소나 후기 클림트가 지녔던 권위가 있었다. 현대 건축가들은 아무리 나이를 먹어도 그들이 누렸던 그 아우라를 지닐 수 없다.

AMO의 멤버, OMA의 대표
렘 쿨하스, 1944-

어느 누구도 렘 쿨하스의 작품들에서 형태적 전형성을 찾아내기는 힘들 것이다. 작품간의 형태적 연관성이나 연속성은 찾기 힘들다. 렘 쿨하스 작품의 고유성은 형태보다는 '프로그램'에 있다. 프로그램은 건물이 수행해야 할 기능이라고 보면 좋다.
OMA가 건물을 디자인하는 집단이라면 AMO는 건물의 프로그램을 디자인하는 집단이다. AMO는 렘 쿨하스가 주축이 되어 탄생한 OMA 건축 사무소의 리서치 조직이다. 렘 쿨하스는 한쪽에서는 결정 권한이 있는 대표지만, 다른 한편에서는 의견을 공유하는 일개 멤버일 뿐이다. 이 덕에 매번 새로운 프로그램이 창조되는 듯하다.

피터 아이젠만의 현란한 건축적 수사는 어디서 오는가

현대 건축가들의 보잘것없는 지위와 그들이 쩔쩔대는 모습을 보고 있자면 기분 좋을 리 없다. 나를 포함한 건축 전문가가 아무리 잘돼 봐야 저 수준일 테니까. 이 지점에서 이견이 있는 사람도 분명 있을 것이다. 인정한다. 하지만 지금 잠깐만 내 의견에 동조하며 계속 읽어 주면 좋겠다. 이제 곧 반전이 온다.

반전은 피터 아이젠만의 현란한 언변이다. 현대 건축가들은 거장 시대 건축가처럼 단언하지 '못'했다. 하지만 피터 아이젠만의 말을 듣다 보면 '사람은 이렇게 살아야 하는구나', '이렇게 살자면 이런 건축이 필요하겠구나'라는 생각이 자연스레 든다. 그의 설명은 구구절절하지 않았다. 친절할 뿐이었다.

피터 아이젠만의 현란한 설득력은 철학·역사·예술에 대한 그의 해박한 지식으로부터 나왔다. 우선 그가 건축학 박사라는 점부터 되짚고 시작하자. 건축설계 실무에서는 학력은 그다지 중요하지 않다. 학력으로 평가하자면 곤란한 사람이 몇 있다. 미스 반 데어 로에와 프랭크 로이드 라이트가 그렇다. 그렇다면 대학 교육은 필요가 없는 것일까? 그건 아니다. 대학 교육은 특별히 설계를 잘할 수 있는 충분조건을 충족시켜 준다고 할 수는 없지만, 필요조건이라는 점에서는 분명 효과가 있다.

피터 아이젠만의 말솜씨를 보고 있으면 박사가 꽤 쓸모가 있다는 생각이 든다. 거장들과는 다른 방식으로 건축가의 권위를 증명하는 것도 느낄 수 있다.

현대 건축가들이 매번 자신의 건축물에 대해 부연을 입에 달고 살았던 것은 스스로가 판 무덤이다. 근대 건축 이후, 표현을 좀 달리하자면 양식주의 건축을 거부한 후, 건축가들이 설계하는 건물은 각각이 새로운 하나의 '양식'에 가까웠다. 새로운 양식에 대해 건축가들은 설명할 수밖에 없었다. 하나의 건물을 완성하고 또 다른 건물을 설계하면 이전에 했던 건 다 버려야 한다. 근대 건축 이후 포스트모더니즘과 해체주의 이념 틀 안에서 건축가는 새 건물을 설계할 때마다 새로운 형태와 질서를 매번 다시 찾아야 했다.

양식주의 건축에서는 '양식'이라는 틀이 있었다. 하나의 건물을 그 틀 안에서 마치면 다음 건물은 거기서 한발 더 나아가면 됐다. 틀은 여전히 같았으니. 그것은 발전일 수도 있고, 발전이 아닐 수도 있지만, 어쨌든 일종의 축적이다.

반면, 근대 건축 이후 건축가들은 시지프스의 고난을 자처했다. 돌을 굴려 산 정상에 올려놓는 순간, 스스로 돌을 아래로 굴러가게 놓아 주어야 하는 게 건축가의 숙명이 됐다. 누가 시킨 것도 아닌 그들 스스로 선택한 운명이었다.

건축가들이 건물을 설계할 때마다 새로운 형태와 새로운 공간 구조를 만들어 내겠다고, 그리고 그것이 건축가의 임무라고 떠들어 놨으니, 그리할 수밖에 없었다. 양식적인 건축으로 돌아가기엔 너무 늦었다. 시대가 허용하지 않는다. 낯섦과 당황스러움이 없는 건축은 진부한 건축이 되어 버린 세상이 아닌가. 세상은 건축가에게 피곤한 무대가 되어 버렸다.

건물을 설계할 때마다 매번 새로움을 찾아내는 게 쉬운 일이 아니다. 새롭지만 이전과 전혀 다른 건 또 아니지 않은가? 언제나 과거와 이어져야 했다. 옛것과 비교하고 싶은 마음이 들면서 그것만으로는 완전한 이해에 도달할 수 없는 그런 수준. 그런 것을 찾아야 했다. 피터 아이젠만은 그런 방도를 찾았다.

1994년 늦봄 오하이오 주립대학(The Ohio State University) 건축학과에 갈 일이 생겼다. 이곳은 오하이오 주 주도 콜럼버스(Columbus)에 있는 미국 중서부의 건축 명문 학교다. 이곳에는 피터 아이젠만의 초기 대표작이 있어서 답사하기 좋다. 가는 길에 톨레도(Toledo)에 들러서 프랭크 게리의 미술관을 볼 수 있다는 것도 장점이다.

이 미술관에서는 관리자의 푸념이 매일같이 이어졌다. 물이 샌다는 이야기다. 프랭크 게리 건물에 대한 불만 중 단골 메뉴다. 멀리

프랭크 게리가 설계한 톨레도대학교 시각 예술 센터(University of Toledo Center for the Visual_Arts).

건축, 300년

서 이 건물을 보러 왔다는 우리를 보고 이해가 좀 안 된다는 표정을 지었다. 당시만 해도 벌써 거장의 반열에 든 프랭크 게리였지만, 그런 유명세를 아는지 모르는지 미술관 관리자는 프랭크 게리의 건물을 마음에 들어 하지 않았다.

콜럼버스에서 만나는 피터 아이젠만의 웩스너 시각 예술 센터(Wexner Center for the Visual Arts)에는 인상적인 기둥이 있다. 지하 서점으로 내려가는 입구에 있는, 밑동이 잘린 기둥이 바로 그것이다. 웩스너 시각 예술 센터는 흰색으로 칠한 프레임과 짙은 갈색 건물이 서로 어긋나는 각도로 겹쳐진 그리드가 유명하지만, 현장에서는 느끼기 힘들다. 그걸 알려면 조감도가 필요하다.

웩스너 시각 예술 센터의 밑동 잘린 기둥.

원래 의도한 방문지는 아니지만, 오하이오 건축대학을 둘러보게 됐다. 넓은 대형 공간에 몇 개의 스튜디오가 함께 들어가 있었다. 그중 희한한 설계가 눈길을 사로잡았다. 재생지를 잘라 모델을 만들고 있던 것이다. 재생지로 다양한 크기와 모양의 삼각형을 만든 다음 그것을 얼기설기 붙여 뱀처럼 구불구불한 내부 공간을 만들고 있었다.

처음 보자마자 '재미있게 생겼다'라는 생각이 들었다. 형태가 흥미로운 건 저 안에 어떤 기능이 들어갈지 감이 잡히지 않았기 때문이었다. 두 번째 든 생각은, 과연 도면은 어떻게 그릴까였다.

이 복잡한 모델의 설계자는 자리에 없었지만 다른 학생에게 물어볼 기회가 있었다. 나도 건축을 공부하는 사람인데 저런 모델과 부합하는 도면은 어떤 방식으로 그려야 하는지 물었다. 답은 이랬다.

"재생지 모델은 구상 단계에서 쓰고 도면은 컴퓨터를 이용한다."

당시는 1994년이라는 점을 떠올려보자. 아직 컴퓨터가 건축 실무나 교육에 본격 도입되기 전이다. 더욱 강조할 게 있다. 당시 우리나라에서도 컴퓨터를 제법 쓰긴 했지만, 주로 '오토캐드(Au-to-CAD)'라는 프로그램을 썼다. 오토캐드는 2차원 도면을 그리는 컴퓨터 도구였다. 3차원 모델을 만드는 데는 매우 곤란했다. 물론 아예 불가능한 건 아니다. 3차원 선을 그려 모델을 만들 수는 있었지만 그런 방식으로 모델을 완성하자면 오랜 시간이 걸렸다. 당시 누구도 오토캐드로 설계 초기의 구상을 하지 않았다. 뭔가 간편하게 모델을 만들 수 있는 프로그램이 아니라면 피터 아이젠만의 스튜디오에서 봤던 그런 모델을 만들기가 매우 어려웠을 것이다.

당시 피터 아이젠만의 스튜디오에서는 '폼지(Form-Z)'라는 프로그램을 사용하고 있었다. 이 프로그램은 오토캐드와 달리 3차원 형상을 만드는 데 적합했다. 그러나 도면을 그리는 데는 제약이 많았다. 이렇게 정리할 수 있다. 미국과 우리나라에서는 건축 실무에 필요한 2차원 도면을 그릴 때 주로 오토캐드가 쓰였다. 설계 초기 단계에서 3차원 모델을 만드는 도구로는 폼지가 막 주목받기 시작한 때였다.

폼지는 지금의 '스케치 업'과 유사하게 작동한다. 바닥에 폐곡선(polygon)을 그리고, 그것을 수직 방향으로 돌출(extrude)시켜 형상을 만든다. 건물 형상을 만들기 위해서는 건물의 윤곽선을 폐곡선 형식으로 그리고, 필요한 높이만큼 수직 상방으로 끌어 올리면 된다. 이렇게 만들어진 형상에 변형을 가할 수 있다.

변형 방법에는 두 가지가 있다. 첫째는 형상은 그대로 두고 주어진 맥락 안에 형상의 상대적 위치를 바꾸는 것이다. 상하좌우로 이동하거나 시계방향, 반시계방향으로 회전시킨다는 애기다. 여기서

형상은 그대로 두고 상대적 위치 이동을 통해 변형하는 방법.

반드시 해야 할 설명이 있다. 회전 기준점에 대한 이야기다. 시계방향 혹은 반시계방향 회전은 주어진 평면이 있을 때만 가능하다. 우리가 사는 세계가 3차원이라는 걸 감안하면 회전 시 기준점으로 주어지는 평면 세 가지다. x·y·z 라는 세 축을 이용해서 표현하면 x-y·y-z·x-z 평면이다.

두 번째는 형상 자체를 수정하는 방법이다. 우선 매스에 위치 변형(이동과 회전)을 가한 다음, 매스 둘이 일부 겹쳐진 상태에서, 하나의 매스에서 다른 매스를 빼내는 것이다.

폼지는 불편하기는 해도 위와 같은 변형 방법을 적용하면 그래도 뭐든 다 만들 수 있었다. 스튜디오 학생들은 이런 식으로 컴퓨터 프로그램이 제공하는 변형 도구를 적극적으로 사용하고 있었다. 이것은 피터 아이젠만도 마찬가지였다.

그는 새로운 '형태의 미래'를 컴퓨터에서 찾았다. 그가 컴퓨터를 이용해서 참신한 아이디어를 진지하게 추구했다는 건 그의 언론 인터뷰에서도 확인할 수 있다.

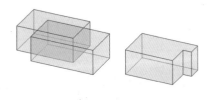

형상 그 자체에 변형을 가하는 방법.

01

02

01 웩스너 시각 예술 센터.
02 콜럼버스 컨벤션 센터.

"선험적 구속으로부터도 벗어난 새로운 형태를 만들기 위해 컴퓨터를 이용할 수 있다."

피터 아이젠만은 컴퓨터 전문가가 아니었다. 역사와 철학과 예술에 관심이 많은 이론 건축가였다. 그런 그가 어찌 어찌하다 미국 오하이오 주 콜럼버스에 꽤 큰 건물을 설계할 기회를 얻었다. 들리는 말에는 필립 존슨의 도움이 있었다고도 한다. 개연성이 충분한 얘기다. 하지만 그건 중요하지 않다. 웩스너 시각 예술 센터와 콜럼버스 컨벤션 센터(Greater Columbus Convention Center)를 통해 그가 유명해지기 시작했다는 것만 알면 된다.

앞 페이지의 두 건축물을 보자. 웩스너 시각 예술 센터의 형태적 특징은 두 개의 격자망을 x-y 평면 위에 겹쳐 놓고 그중 하나를 살짝 비틀어 본 모양으로 설명할 수 있다. 콜럼버스 컨벤션 센터는 특히 직육면체들이 y-z 혹은 x-z 평면을 기준으로 조금씩 회전돼 있다. 웩스너 시각 예술 센터처럼 두 개의 격자망을 겹쳐 놓고 회전시킨다면 360도를 돌려야 하니, 1도 단위로 표현하면 360장의 도면을 그려야 한다. 이 정도면 번거로워도 못 할 일은 아니다. 뭔가 새로운 형태를 찾는 것이니.

콜럼버스 컨벤션 센터를 살펴보자. 세 개 정도의 매스를 붙이고, 1도씩 회전시키면서 형태를 탐색하면 무슨 일이 벌어질까? 360의 세제곱, 약 4665만6천 가지의 경우의 수가 생긴다. 이걸 하나하나 그려 검토하자면 피터 아이젠만이 동방삭(東方朔)만큼 오래 살아야 할 것이다.

파라메트릭 디자인은 창의적이지 않다?

주어지거나 혹은 스스로 만든 틀 안에서 변형 가능한 조합을 탐색하는 게 피터 아이젠만의 방법인데, 이를 부르는 표현이 따로 있다. '파라메트릭 디자인'이다. 틀을 몇 개의 변수, 즉 파라미터(parameter)로 정의하고 이를 변화시키면서 결과를 선택하는 걸 말한다. 분명 독자 가운데 "도대체 무슨 소리야?"라는 반응이 나올 것 같다.

직육면체를 만든다고 생각해 보자. 이때는 직육면체가 틀이다. 이제 이 틀을 변수로 표현해 보자. 직육면체니까 가로·세로·높이라는 세 변수로 설명할 수 있다. 세 변수를 조작하면 다양한 형태의 직육면체가 나온다. 정육면체나 평면이 될 때도 있다.

직육면체 자체는 세 가지 파라미터로 정의되지만, 직육면체 몇 개가 모이면 이제 그들 간 상대적 위치가 파라미터에 더해진다. 동일 수평면상에 놓이는 두 개의 직육면체의 특정 모서리 각도가 2도 혹은 10도가 될 수도 있다. 직육면체를 '삐뚤빼뚤'하게 쌓는 방법은 거의 무한대에 가깝다.

파라메트릭 디자인이라고 하면 형상을 제한된 몇몇 변수로만 표현하니 뭔가 큰 제약이 있을 성싶다. 또 참신한 형태가 나올 것 같지 않다는 편견이 생길 법하다. 하지만 그런 선입견은 십중팔구 게으름에서 비롯된 것이다. 직육면체를 서너 개만 모아 놓아도 경우의 수는 무한대나 마찬가지다. 건축가 혼자 탐구하면 일생이 걸려도 불가능하다. 파라메트릭 디자인으로 다채로운 형태 탐구가 충분히 가능하다는 말이다.

한정된 변수(파라미터)로부터 나올 수 있는 다양성에는 한계가 있다고 여전히 생각하는 사람이 있다면 이 얘기를 들려주고 싶다. 인간은 5만 개가 좀 못 되는 유전자로 '파라메트릭'하게 구성된다. 이 세상에 80억 명 정도의 인구가 있지만, 이들 모두 다 다르다. 이 정도면 파라메트릭 디자인이 창의적 형태 생성에 제약이 있다는 생각은 버려도 되지 않을까.

피터 아이젠만은 직육면체의 조합이라는 틀을 정해 놓고, 직육면체의 크기와 상대적 위치를 변수로 삼아 파라메트릭 디자인을 시도했다. 그는 웩스너 시각 예술 센터와 콜럼버스 컨벤션 센터를 설계하고 감리도 할 겸 오하이오 건축대학에 머물렀다. 당시 나는 미시간 건축대학에 학생으로 있었고, 미식축구를 좋아했던 피터 아이젠만은 미시간대학과 오하이오대학 간 경기가 앤아버(Ann Arbor)라는 도시에서 있을 때 그곳에 오곤 했다. 주목적은 미식축구 관람이고 겸사겸사 미시간대학에서 건축 특강도 했다. 그때 피터 아이젠만을 볼 기회가 있었다. 그가 뭘 하는 사람인지, 무슨 생각을 하는 사람인지 알게 되는 기회였다.

피터 아이젠만이 오하이오대학에 오기 전부터 파라메트릭 디자인에 심취해 있었다는 것은 분명했다. 그런데 오하이오대학에서 그 자신의 운명이 바뀌는 경험을 했다. 이건 순전히 내 추측이다. 피터 아이젠만 자신도 또는 어떤 아이젠만 연구자도 이런 식의 주장은 하지 않는다. 내 주장에 그들은 코웃음을 칠지도 모른다.

피터 아이젠만의 운명적 만남의 대상은 사람이 아니고 폼지였다. 당시 폼지 개발자가 오하이오대학에 근무하고 있었다. 피터 아이젠만은 그를 통해 처음 폼지를 접했다. 당시 이 프로그램은 막 개발됐다. 널리 알려진 프로그램이 아니었으니 오하이오대학에 오기 전에 피터 아이젠만은 그런 프로그램에 대해 몰랐을 것이다.

　오하이오대학과 미식축구 경쟁 관계에 있던 미시간대학에도 폼지와 비슷한 프로그램이 개발중이었다. 한 교수가 '지에딧(G-edit)'이라는 프로그램을 만들어 학생들에게 가르쳤다. 지에딧은 오토캐드와 폼지의 중간쯤 되는 프로그램이다. 도면 작성에는 지에딧이 유리했고, 3D 모델링에는 폼지가 더 나았다. 둘은 나름의 경쟁 구도를 연출하기도 했지만, 폼지는 이후 상업적으로 성공했고 지에딧은 교육용으로 남아 있다가 사라졌다.

　추정컨대 피터 아이젠만은 폼지에서 형태를 자유자재로 변형하면서, 특히 익숙한 경험에 얽매이지 않고 새로운 형태를 찾을 가능성을 발견한 것 같다. 오하이오 시기, 피터 아이젠만은 폼지를 이용해 형태 변형을 탐구했다.

　피터 아이젠만의 건축계 데뷔작은 '하우스 시리즈(House Series)'라 할 수 있다. 직각 격자망에 맞춰 방들을 배치한 형태다. 하우스 시리즈 후반으로 가면서 슬슬 그만의 특징이 나타났다. 격자망 두 개를 겹쳐 놓고 그중 하나를 회전시키는 것이다. 이게 본격적으로 적용된 사례가 웩스너 시각 예술 센터였다. 이때까지만 해도 매스는 평면상 회전에 머물렀다. 그러나 콜럼버스 컨벤션 센터를 설계하면서 3차원 회전으로 진화했다.

　머릿속으로 회전을 상상하고 도면을 그리는 작업은 건축가에게 엄청난 피로와 스트레스를 주었을 것이다. 상당한 상상력도 필요하고 말이다. 당시에 캐드를 알았더라면, 그리고 캐드에 갖가지 다양한 파라메트릭 변형이 있다는 것을 알았다면 손쉽게 더 많은 대안을 검토할 기회가 있었을 텐데.

이 시기 피터 아이젠만이 어떤 방식으로 파라메트릭 변형 작업을 했는지, 그의 사무실 동료였던 그렉 린(Greg Lynn)이 설명한 적이 있다. 그렉 린은 도면화 과정을 지켜보고는 피터 아이젠만의 두뇌가 다름 아닌 컴퓨터였다고 말하기도 했다.

컴퓨터가 없어도 파라메트릭 디자인을 추구했던 피터 아이젠만의 눈에 '폼지'는 신나는 장난감이었을 것이다. 그가 말한 대로, 선험적인 구속으로부터도 자유로운 새로운 형태를 탐구하는 도구로 컴퓨터만 한 것이 없었다. 레이어(layer)를 겹쳐 표현하고 상대적으로 거리와 각도를 변화시키는 것만으로도 생각하지 못했던 다양한 형태를 만들 수 있었으니. 그런데 그게 다가 아니다. 형태를 탐구할 수 있는 더 좋은 도구들이 속속 등장하기 시작했다.

이후 트위스트(twist)나 벤딩(bending)같이 좀 더 복잡한 기능들이 더해졌다. 컴퓨터 프로그램이 제공하는 형태 변형 도구의 종류가 늘 때마다 피터 아이젠만이 건축에 쓰는 도구도 늘었다. '임멘도르프 하우스(Immendorf haus)'에서는 트위스트가, '아로노프 센터(Aronoff Center for Design and Art)'에서는 벤딩이 명확히 보인다.

여기서 트위스트는 수직으로 긴 직육면체의 위아래를 잡고 시계방향 혹은 반시계방향으로 돌리면 발생하는 변형을 의미한다. 벤딩은 수직으로 긴 직육면체의 위아래를 잡고 중간을 불룩하게 휘게 한다고 생각하면 된다. 트위스트와 벤딩은 직육면체의 위치를 변화시키는 것과는 다른 형태 변형이다. 트위스트나 벤딩을 적용할 때 두 가지 세부 방식을 쓸 수 있다. 직육면체라는 기본형을 유지할 수도 있고, 또는 직육면체가 곡면처럼 보여지게 할 수도 있다.

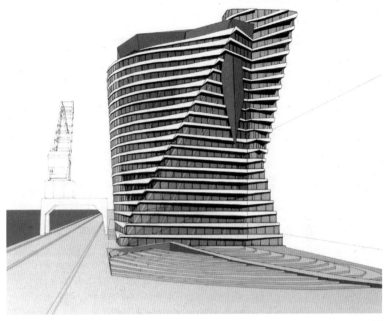

01

02

01 트위스트 기법이 적용된 임멘도르프 하우스.
02 벤딩 기술이 적용된 아로노프 센터.

직육면체 각각의 면을 더 작은 면으로 나눌 때(캐드에서는 세그먼트(segment)의 숫자를 조절한다고 표현한다.) 잘게 나누느냐 큼직하게 나누느냐에 따라 결과에 큰 차이가 생긴다. 잘게 나누면 효과를 준 면이 부드러운 곡면이 된다. 반면 큼직하게 나누면 직육면체가 살아 있는 상태에서 서로의 위치만 어긋난다. 직육면체의 면을 큼직하게 나눈 트위스트나 벤딩은 결국 직육면체의 상대적 위치를 변화시키는 것과 동일한 결괏값을 가져온다.

피터 아이젠만의 형태 변형은 후기로 가면서 직육면체를 유지하지 않는 방향으로 발전했다. 시작은 직육면체의 상대적 위치만을 바꾸는 것이었지만 점점 더 복잡한 변형을 추구했다. 복잡해지지만 일관된 흐름이 있다.

'막스 라인하르트 하우스(Max Reinhardt Haus)'에서는 '모핑(morphing)' 기법을 이용해 직육면체를 특이한 형상으로 바꾸었다. 가장 최근 작품인 '시티 오브 컬처'에서는 곡면을 이용한 곡면 건축을 선보이고 있다. 피터 아이젠만은 형태 변형 방법론에서 폭넓은 스펙트럼을 보여 준다.

작품마다 새로운 형태를 찾아내는 체계적인 방법을 천착하던 피터 아이젠만은 파라메트릭 디자인이라는 세계에 뛰어들었다. 여기까지는 전혀 컴퓨터를 염두에 둔 행보가 아니었다. 공사 현장 감독을 하러 간 길에 대학에서 학생들을 가르치면서 접하게 된 '폼지'라는 프로그램을 통해 피터 아이젠만은 자신의 파라메트릭 디자인을 효율적으로 발전시킬 방법을 찾게 되었다. 그는 컴퓨터에서 새로움을 창조하는 가능성을 발견했다.

01

02

01 모핑 기법을 이용해 설계한 막스 라인하르트 하우스.
02 곡면을 자유자재로 사용한 시티 오브 컬처.

05

파주에서 만난 삐뚤빼뚤 쌓기

피터 아이젠만은 박스 삐뚤빼뚤 쌓기만 했을까

2000년대에 오면서 우리 도시에 낯선 풍경 하나가 추가되었다. 이 게 친숙한 풍경으로 살아남거나, 익숙한 풍경이 돼 도시의 지배종 으로 자리매김할 수도 있다. 물론 요즘처럼 만사가 경기에 민감하 다면 철거라는 비극으로 끝날 수도 있다.

이 즈음하여 우리 곁으로 다가온 낯선 풍경은 피터 아이젠만의 스타일과 닮아 있다. 그가 평생 한 가지 스타일만 추구하는 것이 아 니니, 어떤 것인지 분명하게 밝혀야겠다. 편의상 간략히 피터 아이 젠만의 건축 경향의 변화를 요약해 보겠다.

피터 아이젠만은 하우스 시리즈로 시작한다. 하우스 시리즈가 이 어지면서 그 안에서도 변화가 포착된다. 아주 정통적인 모더니즘으 로 보이는 격자망을 사용하다, 중첩되고 회전된 격자망이 나타난

242 ——   건축, 300년

다. 하우스 시리즈에 대해 얘기하자면 늘 빠짐없이 거론되는 단골 메뉴가 있다. 다이닝룸 한가운데 박힌 기둥이다. 기둥은 사용 공간의 중앙부를 피해 위치하는 게 일반적이다. 이용에 불편을 겪기 때문이다.

다이닝룸 한가운데 버젓이 자리한 기둥을 보자면 의문이 생기는 건 당연하다. 엉뚱한 자리를 차지한 기둥의 출처는 중첩된 격자망 중에서 회전된 격자망이다. 두 개의 격자망이 상대적 위치를 변경

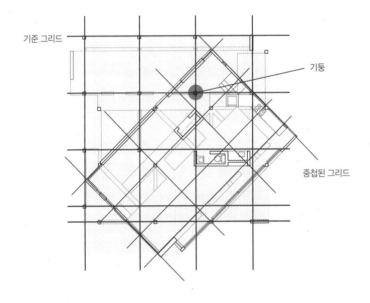

기준 그리드

기둥

중첩된 그리드

피터 아이젠만의 하우스 III.
상호 회전 이동한 두 개의 그리드가 겹치며 나타난다는 게 특징이다. 다수의 그리드가 등장하고, 이들이 서로 틀어진 각도로 만나는 방식은 이후 피터 아이젠만의 디자인에서 쉽게 찾아볼 수 있다. 그가 추구하는 형태적 특징이 하우스 III에서 시작되었다는 점에서 큰 의미가 있다.

틀 안에서도 다를 수 있다 ————— **243**

하면서 당연히 있어야 할 곳에 있던 기둥이 은근슬쩍 자리를 옮긴 것이다. 회전된 격자망을 기준으로 보면 기둥은 자기 자리에 있다. 그러나 그건 기준점이 다를 때다. 고정된 격자망의 세계에서는 '삐딱한 놈'이다.

기둥은 보는 기준에 따라 평가가 달라질 수밖에 없다. 고정된 격자망에서 보자면 훼방꾼이고, 회전된 격자망에서 보자면 원래 자리를 잘 지키고 있다. 기둥 자체에는 아무 잘못이 없다.

인간 세상에는 80억 개가량의 격자망이 있다. 이 격자망은 한시도 가만히 있지 않는다. 이곳저곳을 흘러 다니면서 다른 격자망들과 중첩을 이루기도 하고, 그러다가 또다시 부유하기 시작하고, 다른 격자망을 만나 또 다른 관계를 만든다. 중첩으로 인한 갈등에서 어느 한쪽만이 옳다고 볼 수 없다. 언제나 기준의 문제일 뿐이다. 피터 아이젠만에게 기둥은 갈등의 공간적 표현이다.

처음에는 기둥이 잘못된 위치에 놓인 것으로 보이듯 격자망 중첩으로 발생하는 인간들의 갈등도 누군가의 잘못처럼 느껴진다. 하지만 기둥이 두 격자망의 충돌로 발생하는 불가피한 결과물이라는 것처럼, 인간 격자망의 충돌 또한 불가피하다는 암시다.

잠시 곁길로 샜다. 다시 하우스 시리즈로 돌아오자. 격자망의 상대적 위치 이동에 대한 탐구가 무르익으면서 피터 아이젠만의 건축은 두 번째 단계로 들어섰다. 직육면체 독특하게 쌓기. 이 단계에서 그는 컴퓨터 프로그램이 제공하는 형태 변형 도구를 적극 활용했다. 얼마나 컴퓨터 의존적인지는 작품을 연대기적으로 놓고 보면 금방 드러난다.

두 번째 단계 초기에는 컴퓨터 프로그램이 제공하는 형태 변형 도구 중에서 간단한 것들을 주로 썼다. 레이어·이동·회전 등. 웩스너 시각 예술 센터와 컨벤션 센터가 그 예다. 시간이 흐르면서 좀 더 복잡한 도구를 썼다. 트위스트·벤딩 등이다. 전자는 임멘도르프 하우스고, 후자는 아로노프 센터다.

이제 세 번째 단계다. 세 번째 단계와 두 번째 단계의 차이는 형태 변형이 전체적(uniform deformation)이냐 부분적(non-uniform deformation)이냐다. 전자는 어떤 형태에 부가되는 변형이 형태 전체에 동일하게 적용되는 변형을 의미한다. 반면 후자는 전체가 아니고 부분에만 적용되는 변형을 말한다.

우선 이동을 생각해 보자. 형태를 x축 방향으로 10만큼 이동시켰다고 해 보자. 이런 상대적 위치 변동은 형태 전체에 적용된다. 트위스트도 마찬가지다. 직육면체에 트위스트를 적용하면 직육면체 전체가 같은 비율로 비틀린다.

부분적 변형은 형태의 일부 요소에 변화를 가하는 방법이다. 직육면체의 꼭지 하나를 잡아서 3차원상의 위치를 바꿔보자. 그런데 한 가지 전제가 있다. 그냥 직육면체로는 안 된다. 딱딱한 직육면체는 꼭짓점 하나를 콕 집어 그것만 이동시키는 게 불가능하다. 이걸 고집하면 직육면체가 부서지거나 위치 이동만 할 뿐이다.

부분적 변형을 적용하면 직육면체를 고무로 만들었다고 생각해야 한다. 고무라면 꼭짓점 하나를 잡아 이동시키는 게 가능하니까. 부분적 변형을 가능케 하는 프로그램 기능들은 매우 많다. 그중에서도 피터 아이젠만은 '모핑'과 '곡면'을 주로 썼다.

모핑은 두 개의 형태를 혼합하는 거라고 보면 좋다. 이것도 대표적인 사례를 들어 설명하자. 남녀 사진을 넣으면 그들의 자녀 얼굴을 예측해 만들어 주는 장치가 있었다. 이게 바로 모핑 기법의 예다. 두 개의 형태에서 특징이 되는 꼭지를 추출하고, 이에 대응하는 꼭지를 상대 형태에서 추출하고, 그들의 중간점으로 이동시키는 방식이다. 곡면은 '넙스(문의 사항)'라는 곡면 표현식을 사용하는데, 그 부분적 변형은 모핑과 같다.

피터 아이젠만의 세 번째 단계를 대표하는 작품은 막스 라인하르트 하우스와 시티 오브 컬처다. 241페이지의 두 건축물 이미지를 참고하면 좋다.

막스 라인하르트 하우스는 모핑 기법을 썼다. 말굽형으로 구성되는 전체 형상을 따라 하나의 곡선이 있다고 생각하자. 곡선의 시작과 중간, 끝에 각각 다른 형태를 배치하고 그들을 완만히 이으면, 즉 모핑을 적용하면 막스 라인하르트 하우스와 같은 형태가 얻어진다. 시티 오브 컬처는 넙스로 곡면을 하나의 플레인(평평한 곡면)으로 구성하고, 플레인을 구성하는 격자망의 점을 원하는 곳으로 이동시켜 만들었다.

피터 아이젠만의 작품 연대기를 보면 분명한 사실 하나가 두드러진다. 그는 컴퓨터 프로그램이 점점 발전하면서 추가된 새 기능을 건축에 '아주 적극적으로' 적용했다. 그는 컴퓨터 프로그램이 제공하는 형태 변형 도구의 '얼리어댑터'였다.

피터 아이젠만 흉내 내기

2010년경부터 우리 도시에 나타난 낯선 풍경은 피터 아이젠만의 두 번째 단계와 유사하다. 사실 누구의 영향을 받았는지는 그리 중요하지 않다. 직육면체를 삐뚤삐뚤하게 쌓아서 독특한 형태를 만든다는 건 누구라도 생각해 낼 수 있는 소소한 아이디어일 테니.

직육면체 삐뚤삐뚤 쌓기가 우리 도시의 풍경으로 등장하기 전에 그에 앞서 나타난 것이 '직육면체 예쁘게 쌓기'였다. 직육면체 예쁘게 쌓기는 꽤 성공적이어서 우리 도시의 익숙한 풍경으로 진화하고 있다. 상황이 이리 되면 사람들 마음이 또 달라진다. 뭐 더 새로운 것 없나 하면서 다른 새로운 것을 찾는다. 이런 성향은 모더니즘 이후를 사는 모두에게 나타난다. 언제나 새로운 것을 추구한다. 주어진 틀 안에서의 세련됨에는 별 관심이 없다.

이 과정에서는 창작자가 언제나 한발 앞서간다. 직육면체 예쁘게 쌓기에서 직육면체 삐뚤삐뚤 쌓기로 관심이 이동한 데는 이런 면이 작용했다. 사용자는 아직 직육면체 예쁘게 쌓기에 질린 것 같지 않다. 하지만 창작자는 튀고 싶어 한다. 직육면체 예쁘게 쌓기는 적어도 창작자에게는 식상하다. 새로운 소재·주제·방법이 필요하다.

대략 이즈음 피터 아이젠만의 삐뚤삐뚤 쌓기가 한국 건축가들의 눈에 들어왔을 수 있다. 물론 스스로 창안해 냈을 가능성을 굳이 부인할 필요는 없다.

프롤로그에서도 언급했던 탄탄스토리하우스를 다시 언급해야 할 시점이다. 이 작품은 방철린 건축가가 설계했다. 하나의 격자망 위에 다른 하나의 격자망이 중첩되고, 두 격자망 중 하나를 미묘한 각도로 회전시켜 이 건물이 만들어졌다. 이 건물을 보면서 '많이 봤는데'라고 생각할 수 있다. 사실 그렇다. 서울 명동에 있는 신한은행 광교점(구 조흥은행 본점)을 가 보자.

기단부 축선과 기단 위에 얹힌 고층부 축선이 미묘한 각도를 이루고 있다. 그렇다면 피터 아이젠만, 탄탄스토리하우스 모두 예전 기법 그대로 한 것 아닌가? 물론 아니다. 지금부터 이들의 차이점에 대해 알아보자.

방철린의 또 다른 작품 '종로 주얼리 비즈니스 센터'에도 미묘한 각도로 엇갈리는 두 개의 매스를 볼 수 있다. 형태만 놓고 보면 탄탄스토리하우스와 같아 보인다. 그런데 속내를 들여다보면 분명 다르다.

종로 주얼리 비즈니스 센터에는 기단부를 따라 형성되는 축선과, 기단 위에 앉은 매스를 따라 형성되는 축선이 미묘한 각도를 이루며 별도로 존재한다. 탄탄스토리하우스에서 발견되는 두 개의 축선과 외견상 같다. 둘의 차이는 타당성과 개연성이다.

종로 주얼리 비즈니스 센터의 기단부가 구성하는 축선은 대지의 앞으로 지나가는 도로에 평행하다. 즉 도로가 축선을 규정한다. 기단부에 올라탄 매스를 구성하는 축선은 인근 뒤편 건물군의 축선과 평행하다. 여기선 주변부가 축선을 규정한다. 종로 주얼리 비즈니스 센터는 두 개의 기존 축선에 적절히 반응한 결과다. 뭔가 이유가 있어서 종로 주얼리 비즈니스 센터의 두 개의 축선은 그런 미묘한 각도로 만날 것이다. 신한은행 광교점도 마찬가지다. 하단은 도로에, 고층부는 인근 건물의 축선에 각각 호응한다.

탄탄스토리하우스로 가 보자. 두 개의 격자망이 있는데 하나는 주

01

02

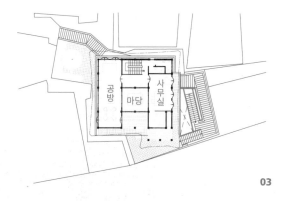

03

01 탄탄스토리하우스.
02 신한은행 광교점.
03 종로 주얼리 비즈니스 센터 평면도.

변 건물의 축선에 반응한다. 문제는 겹쳐진 격자망이다. 겹쳐진 격자망이 고정된 격자망과 이루는 각도는 임의적이다. 아무 이유가 없다. 이유를 굳이 굳이 찾자면 독특하게 보이려는 의도일 뿐이다. 그래도 탓할 일은 아니다. 엄청난 비용을 들여 사이비 모더니즘을 추구하는 것보다는 훨씬 낫다.

여기서 미묘한 각도가 아주 중요하다. 90도, 180도는 제자리로 돌아오는 것이고, 45도, 60도는 너무 뻔하다. 22.5도나 30도도 좀 속이 보이는 느낌일 것이다. 그러니 17도나 22도가 좋다. 그런데 너무 낯설면 안 된다. 뭐든 적당해야 한다. 어떻게?

답은 이렇다. 규칙적으로 쌓은 직육면체의 형태가 상상될 수 있을 정도로 틀어 놓는 게 '적당한' 각도다. 미묘한 각도를 찾는 게 직육면체 삐뚤빼뚤 쌓기에서 제일 중요하다.

이해를 돕기 위해 잘못된 사례를 보여 주겠다. 잘 된 사례보다 효과적일 것이다. 싱가포르에 지어진 건물 하나를 살펴보자.

다양한 각도로 여러 개의 직육면체를 열심히 쌓아 놓았지만 부조화스럽다. 부조화가 원래 의도였을 수도 있다. 어수선해 보인다. 익숙했던 직육면체 규칙적으로 쌓기에서 너무 멀리 갔기 때문이다. 이 건물의 직육면체들에는 이동과 회전을 과하게 가했다. 너무 많이 이동했고, 너무 생경한 각도로

인터레이스.

조합됐다.

미감(美感)은 질서와 무질서 사이의 유희에서 느껴진다. 규칙과 불규칙 사이를 적당히 오가야 미적 쾌락을 얻을 수 있다. 싱가포르의 인터레이스(The Interlace)는 직육면체 규칙적으로 쌓기에서 너무 멀리 떠나갔다. 줄다리기가 불가능하다. 어수선한 영역에서 혼자 머물러야 한다. 탄탄스토리하우스를 인터레이스 위에 겹쳐서 상상하면, 미묘한 각도가 주는 유희를 더욱 즐길 수 있을 것이다.

새로운 형태를 찾아서
피터 아이젠만, 1932-

1927년, 르 코르뷔지에가 '새로운 건축을 향하여'를 주창했다면, 피터 아이젠만은 '새로운 형태를 향하여'를 지향한다. 새로운 형태에 대한 그의 집착은 '선험적 구속으로부터도 벗어난 새로운 형태'를 추구한다는 그의 노력에서 분명하게 드러난다.
그러나 선험적 구속으로부터도 자유롭고자 한다면 건축가의 선입견이 개입해서는 안 된다. 그게 어떻게 가능할까? 피터 아이젠만은 '프랙탈 디자인'에서, 그리고 범위를 좀 더 넓혀 컴퓨터에서 해결책을 찾고 있다. 좀 더 구체적으로 말하자면, 컴퓨터가 제공하는 형태 변형 도구를 이용해서 새로운 형태를 찾는 탐험을 계속하고 있다.

제4부 **틀을 깨버리다**

강한 해체주의

건축의 강한 해체주의는
인간이 추구하는 진·선·미에서
진과 선에 대한 의심을 강하게 품는다.
결국, 강한 해체주의는 진과 선을 버리고
형태의 미학에 몰두한다.

주요 건축가

쿱 힘멜블라우
울프 프릭스
아키그램
아키텍토니카
피터 아이젠만
리처드 마이어
자하 하디드
리처드 로저스
마이클 그레이브스
로버트 벤츄리
프랭크 게리
루드비히 힐버자이머

주요 건축물

빈 루프 탑
빌바오 뮤지엄
다롄 국제 컨퍼런스 센터
유럽 중앙 은행
파크원
파르테논 신전
SRT 수서역
디즈니 콘서트 홀
AT&T 빌딩
게리 하우스
시카고 트리뷴 사옥
동대문디자인플라자
헤이다르 알리예프 센터

01

박스 찌그러뜨리기의 발명

젊은 날 누구나 파격을 꿈꾸지 않았던가?

20세기 초, 빈에 등장한 낯선 풍경, 로스 하우스. 모더니즘의 선구
자가 된 건축물이다. 우여곡절을 겪었지만, 거기서 비롯된 모더니
즘 건축은 결국 세계의 지배종이 되었다.

아돌프 로스는 고집스러웠다. 로스 하우스 같은 건축물이 그 시
대에 꼭 필요하다는 신념을 따랐다. 단순한 매스와 장식 없는 건물,
그래서 저렴한 비용으로 지을 수 있는 건물이 필요하다고 생각했
다. 그래야 더 많은 사람이 혜택을 받을 수 있다 믿었다. 아돌프 로
스는 뭔가 달라 보이는 건축을 지향하지 않았다. 더 많은 이가 누릴
수 있는 건축을 원했고, 그런 건축이 가능하려면 이전의 건축과 다
를 수밖에 없었다.

그에게 전과 다름은 불가피했다. 전에 했던 방식 그대로 더 많은

혜택을 더 많은 이에게 줄 수 있었다면 아돌프 로스는 굳이 이전과 다른 건축을 고집하지 않았을 것이다. 이 지점에서 예술 혁신 운동, 빈 시세션(secession)과도 어느 정도 선을 그을 수 있다.

20세기 후반, 같은 장소에 다른 낯선 풍경이 나타났다. 빈의 고풍스러운 5층짜리 공동주택 옥상에 기괴한 형상을 한 루프 탑(roof top)이 등장한 것이다. 외계인의 우주선이 옥상에 잠시 내려앉은 것인지 의아해 할 정도였다.

쿱 힘멜블라우의 아파트 옥상 개조는 꽤 성공적이었다. 그것을 증명하는 것이 1988년 MoMA 전시회다. 이 아파트 옥상 개조 프로젝트가 전시회에 초대됐다.

빈 시민의 반응도 나쁘지 않았다. 거부 반응도 딱히 없었다. 로스 하우스가 들어설 때와 사뭇 달랐다. 로스 하우스는 무수한 비난 끝에 공사 중단 명령을 받았다. 디자인도 일부 수정해야 했다. 쿱 힘멜블라우의 아파트 옥상 개조는 관심만 받았다. 이 점에서 쿱 힘멜블라우는 성공했다.

쿱 힘멜블라우(좀 더 정확하게 말하자면 쿱 힘멜블라우의 창립자 울프 프릭스)는 특별한 형태가 필요했다. 예전과 다른, 특히 예전 건축과는 '달라 보이는' 건축적 형태가 필요했다. 뭔가 다른 형태적 모티브의 추구는 울프 프릭스의 입을 통해 확인할 수 있다. 그는 영감을 구름에서 찾았다고 한다. 말보다 더 웅변적인 것이 그의 스케치다. 구름으로부터 시작해서 건물이 되는 과정을 보여 주는 그의 스케치를 258페이지 그림을 통해 살펴보자.

여기서는 형태적 모티브에 대한 구체적인 설명은 등장하지 않았다. 빈의 아파트 옥상 프로젝트 역시 마찬가지였다. 이때만 해도 '모

쿱 힘멜블라우의 루프 탑.

구름이 건물이 되는 과정을 보여주는 스케치.

색' 단계였다. 무엇을 추구할지 아직은 잘 모르는 상태였다. 그래도 울프 프릭스가 확신하고 있었던 건 단 하나였다. 뭔가 다른 형태를 찾아야 한다는 것.

구름은 아직 울프 프릭스의 머리에 들어오지 않은 상태였다. 오히려 그는 기계 이미지에 심취해 있었다. 그리 특별할 것도 없었지만. 그 시기 유럽 건축가들에게 흔히 보이는 경향이었다. 노먼 포스터와 리처드 로저스가 그랬다. 이들도 새로우면서도 건강한 모티브를 기계에서 찾고자 했다.

이런 걸 기계 미학이라고 부른다. 뒤에 미학이라는 단어를 붙이니 갑자기 복잡해지기 시작한다. 골자를 추려보면 기계에서 '어떤' 좋은 것을 기대할 수 있다는 믿음이다. 이 문장에서 중요한 건 기계, 좋은 것 그리고 믿음이다.

울프 프릭스가 젊었던 시절, 기계를 향한 유럽인들의 기대 심리는 고대인들이 해와 달 그리고 큰 바위를 경배하는 것과 비슷했다. 해와 달이 어떻게 움직이는지 몰랐고, 큰 바위를 한 치도 옮길 힘이 없던 시절, 사람들은 자연에 빌었다. 빌어서 될 일이 아니라는 걸 깨닫는 데 수천 년의 시간이 필요했지만, 지금도 여전히 힘에 부치

건축, 300년

면 일단 빌고 본다.

기계와 좋은 것에 대한 설명은 이 정도면 충분하다. 나머지 하나는 믿음이다. 이 믿음은 사실 확인이나 부족한 정보를 기반으로 한 잠정적 판단 같은 게 아니다. 그저 맹목적이다. 자신에게 좋은 방향으로 해와 달과 큰 바위가 움직인다는 믿음이다. 믿음이 있기에 빌어 볼 수 있다.

현대인에게도 기계는 고대인의 해와 달과 큰 바위와 비슷하다. 여기서 중요 포인트는 비슷하다는 것이다. 완전히 같지 않다. 고대인은 그저 자연 사물이 뜻대로 움직이길 바랐다. 현대인은 기계에 뭔가 기대한다. 하지만 고대인과는 다른 식으로 빈다. 현대인에게는 기계를 잘 만들면 인간의 필요에 충족하는 장치가 된다는 믿음이 있다. 이 믿음에는 '빌다'라는 표현이 들어갈 여지가 없다. 제아무리 열심히 빌어도 기계가 잘 만들어지지 않기 때문이다. 기계를 잘 만들려면 기계적으로 생각할 줄 알아야 한다. 합리적 기계관이다. 이것이 밑바탕에 깔려야 기계에 올바른 기대를 할 수 있다.

기계는 인류 역사를 통틀어 존재해 왔다. 그래도 본격적으로 기계를 눈앞에서 보기 시작한 것은 제1차 산업혁명 때다. 증기기관이 대표적이다. 엄청난 힘을 만들어 내 인간은 도저히 들어 올릴 수 없는 무거운 물건을 들어 올리고, 인간이 낼 수 없는 속도를 낼 수 있게 해주었다. 기계 작동원리를 모르는 인간, 예를 들어 고대인이 기계를 본다면 '신의 은총'이라 여겼을지도 모른다. 기계에 대해 알게 된 인간은 기계를 좀 더 잘 쓰기 위해 작동원리를 이해해야 했고, 그 원리를 신념화하는 것이 필요했다. 그래서 나오는 것이 합리적 기계관이다.

기계에 대한 기대는 건축에도 자연스레 영향을 미쳤을 것이다. 이 부분을 부각해 우리에게 보여준 사람이 레이너 밴험(Reyner Banham)이다. 그가 쓴 책 『제1기계시대의 이론과 디자인(Theory and Design in the First Machine Age)』이 기계가 건축에 미친 영향을 잘 보여 준다.

『제1기계시대의 이론과 디자인』.

기계에 대한 기대 심리를 최대로 키우려면 두 가지가 필요하다. 기계를 잘 만들 줄 알아야 하고, 기계의 작동원리에 수긍해야 한다. 그런데 이 두 번째가 미묘하다. 기계 작동 방식대로 인간 세상의 모든 문제를 풀려는 경우가 종종 벌어진다. 기계가 아닌데 기계인 것처럼 포장하다 보면 나타나는 현상이다. 기계도 아니고 기계일 필요도 없는데 기계라는 허구의 규정을 통해 마치 이런 접근 방식이 기계처럼 인간을 이롭게 해 준다고 믿는다. 이런 경향은 온갖 디자인에서 나타났다.

레이너 밴험은 이를 별로 달가워하지 않았다. 건축에 합리적 기계관이 필요하다고 주장했지만, 기계적 이미지만 소모한 셈이라고 했다. 레이너 밴험은 비판이라고 한 것이겠지만 별로 뼈아픈 건 아니었다. 그저 기계 이미지를 활용했다고 생각하면 그만이다. 나쁠 것은 별로 없다. 좋은 점도 있다. 건축이 사람들에게 주는 이로움이 기계만큼이나 클 수 있다는 인상을 줄 수 있으니.

기계 미학은 모더니즘 건축가들의 입맛에 딱 맞았다. 기계처럼 건축도 더 많은 사람에게 더 많은 혜택을 주기 위해 무지막지한 성능을 발휘할 필요가 있었다. 이런 때였으니 기계 미학을 적극적으로 수용하는 게 당연했다.

합리적 기계관, 그보다 더 좋은 철학 사조가 없을 듯했다. 보편적 인식을 통해 보편적 문제 해결을 할 때 합리적 기계관이라는 표현이 자주 나온다. 기계적으로 적용한다는 게 부정적으로 비치기도 하지만, 전체적으로 볼 때 특수 상황을 고려하지 못해 발생하는 문제는 긍정적으로 작용한 경우에 비해 절대적으로 소수일 것이다.

인간이 도시에 밀집해 살면서 벌어진 문제를 보편적으로 이해하고 보편적 해결책을 주장했던 모더니즘 건축가들. 이들에게 합리적 기계관은 든든한 버팀목이었다.

그러나 모더니즘의 퇴조와 함께 그들이 기대던 기계 미학도 한물간 듯했다. 기계의 엄청난 힘은 그저 당연했다. 매 순간 인간이 숨 쉬는 것처럼 자연스러워서 더는 기계의 힘에 관심을 보이지 않게 되었다. 긍정적인 기능은 너무나 당연했고, 부정적인 부분이 슬슬 거슬렸다. 합리적 기계관은 어느새 극복해야 할 장애로 전락했다. 문제 해결을 기계적으로 하기보다 개별 문제에 특이성을 고려한 접근이 필요한 시대가 되었다. 물론 이게 다 먹고살 만해서 그런 것이다. 한때 사람들은 기계가 인간을 유토피아로 인도할 것이라며 장밋빛 미래를 떠들어댔지만, 이제는 아니다.

기계 미학은 철 지난 유행이 된 듯싶지만, 레이너 밴험이 지적하듯이 제2기계시대라는 것이 도래하면서 상황이 좀 달라졌다. 레이너 밴험은 새로운 종류의 기계가 등장할 것이라고 했다. 다르게 표현하자면 제2차 산업혁명의 결과물에 대한 이야기다. 전통적인 기계에 전기와 화학이 융합한 상태라고 보면 된다. 레이너 밴험 식으로 말하자면 제2기계시대, 또 다른 표현으로 하자면 제2차 산업혁명이 잉태한 기계는 인간에게 이전의 기계와는 다른 힘을 주었다. 그렇다면 또 그런 이미지를 소모하려고 창작자들이 달려들 것도 뻔한 일 아니겠는가.

이 지점에서 주목받았던 게 아키그램이다. '워킹 시티(Walking City)', '플러그인 시티(Plug-in City)' 등등. 전기 전자와 화학 공학의 힘을 탑재한 기계에 대한 기대가 한껏 부풀어서 나타났다.

하지만 건축가 자신도 그런 도시가 구현 가능하리라고 믿지 않았다. 설령 그런 도시가 만들어진다 한들 그게 현실적으로 무슨 소용이 있을까? 필요성을 운운하면서 아키그램의 작업을 들춰보는 건 부적절하다. 달을 가리키는데 손가락을 쳐다보는 격이다. 아키그램의 프로젝트는 은유다. 새로운 도시를 향해 걸어가자는 은유. 우리에게는 이미 진화한 기계가 있으니 그에 기대어 한발 더 나아가

워킹 시티.

자는 정도의 얘기다.

아키그램 프로젝트를 하나의 은유로 받아들이면, 그런 계열에서 쿱 힘멜블라우를 찾을 수 있다. 건축가를 포함한 디자이너들이 기계 이미지 활용을 좋아하는 까닭은 기계가 보여 주는 형태만큼 독창적인 것도 없기 때문이다. 기계는 대체로 힘을 이용해 새로운 형태를 만든다. 힘이 이전과 다른 방식으로 구현되면 형태가 새로워진다. 기계는 새로운 방식과 형태를 보여 주고, 건축가는 그 이미지를 차용한다.

모더니즘 이후 건축가들에게는 자신만의 것을 찾아야 하는 숙명이 있었다. 쿱 힘멜블라우도 예외는 아니었다. 257페이지 그림에서 기계에 기대어 자신만의 것을 만들려는 건축가들의 노력이 느껴지지 않는가.

쿱 힘멜블라우의 기계 이미지는 제2기계시대 이후 구름과 결합하면서 진보한다. 형태적 모티브로 그 어떤 것도 쓸 수 있었다. 구름이 안 될 이유는 없었다. 자연은 시대를 막론하고 예술가들의 형태적 모티브로 사용됐다. 구름도 자연이니 쿱 힘멜블라우 역시 기존 예술가들과 별 차이가 없는 것처럼 보였다. 하지만 분명 달랐다.

구름이 누군가의 형태적 모티브로 사용된 적이 있던가? 구름을 그린 사람은 많아도 구름을 형태적 모티브로 사용한 사람은 없었다. 구름에는 일정한 형상이 없기 때문이다. 다른 말로 구름은 어떤 형상도 될 수 있다.

쿱 힘멜블라우가 쓰는 형태적 모티브는 엄밀히 말하면 구름이 대기, 땅과 만나서 일으키는 변화다. 구름이 대기와 땅과 만나면 외부적 구속 조건을 갖추게 된다. 같은 시간에 내부적으로도 구속 조건

다롄 국제 컨퍼런스 센터.

이 발생한다. 내부적 구속 조건은 구름이 기계로, 특히 제2기계시대의 기계로 조립될 수 있어야 한다는 점이다.

올프 프릭스가 젊었을 때 탐색했던 기계와, 이후 모색했던 구름이 만나면 쿱 힘멜블라우의 형상들이 나온다. BMW 전시장, 부산영화의 전당이 그렇다. 프랭크 게리의 역작이 '빌바오 뮤지엄(Bilbao Museum)'이라면 쿱 힘멜블라우의 역작은 '다롄 국제 컨퍼런스 센터(Dalian International Conference Center)'다. 앞으로 쿱 힘멜블라우가 어떤 건축적 모험을 이어갈지 단언할 수 없다. 프랭크 게리가 비트라 뮤지엄을 통해 곡면 건축에서 벗어나려는 의도를 슬쩍 보여 주듯, 르 코르뷔지에가 만년에 롱샹 성당으로 걸어갔듯, 쿱 힘멜블라우도 또 다른 건축으로 향해 갈 수 있다. 하지만 기계에서 시작해서 구름을 거친 그 여정은 지금까지는 완성 단계에 접어든 것처럼 보인다.

유럽 중앙 은행의 건축가

울프 프릭스, 1942-

울프 프릭스는 건축가 그룹 '쿱 힘멜블라우'의 창립자다. 그는 유럽 중앙 은행을 설계하면서 세계 건축계에 널리 이름을 알렸다. 빈의 낡은 아파트 옥상의 기괴한 구조물로 명성을 얻기 시작했는데, 이 시기는 그가 자신만의 건축 형태를 모색하던 때였다. 이후 박스 찌그러뜨리기 단계를 거쳐, 찌그러뜨린 박스와 곡면을 결합하는 단계까지 발전했다. 여기서 주목할 만한 건 컴퓨터의 활용이다. 그를 건축계의 거장으로 만든 데 큰 역할을 한 박스 찌그러뜨리기는 사실 컴퓨터가 제공하는 형태 변형 도구가 없었다면 불가능했을 것이다. 찌그러진 박스와 곡면을 결합한 형태도 마찬가지다. 이런 측면에서 보자면 프랭크 게리나 자하 하디드와 유사하다. 이들 셋 모두 자신의 업적을 이루는 데 가장 도움이 된 조력자를 꼽자면, 바로 컴퓨터일 것이다.

찌그러뜨려서 얻는 것들

쿱 힘멜블라우의 기계 미학과 결합된 구름은 어느 날 갑자기 땅에서 솟구치듯 나타난 게 아니었다. 맹목적으로 기계 미학에 기댄 것도 아니었고 그렇다고 구름을 닮은 것도 아닌, 중간 과정이 있었다.

구름의 등장 배경에는 근원적으로 새로운 형태를 향한 갈망이 있다. 형태를 어찌한들 건축물이 기계 같은 힘을 지니는 것도 아니고, 구름이 돼 비를 뿌릴 수 있는 것도 아니었다. 기계가 주는 유쾌한 상상과 구름이 지닌 변화무쌍을 닮고자 했을 뿐이었다. 기계도 구름도 아닌 것을 추구하던 쿱 힘멜블라우에게는 르 코르뷔지에의 유산이 있었다.

다시 한번 『새로운 건축을 향하여』를 떠올려보자. 로마 유적 위에 덧붙여진 기본 형상으로 돌아가 보자. 그중 쿱 힘멜블라우는 직육면체를 택했다. 직육면체를 써서 새로움과 기괴함을 만들려 했다.

모더니즘에 싫증을 느낀, 특히 단순한 매스와 직육면체 박스에 염증을 느낀 모더니즘 이후의 건축가들은 자신만의 형태를 추구했다. 그런 면에서 리처드 마이어는 우직했다. 그는 직육면체를 고수했다. 모더니즘이 단조롭고 재미가 없는 건 직육면체의 문제가 아니라고 생각했다. 직육면체도 예쁘게 쌓으면 예쁠 수 있다고 여겼다. 결과적으로 예쁘냐 아니냐는 쌓는 방식, 즉 조합에 따라 달라진다고 본 것이다. 피터 아이젠만도 형태의 기본 구조체로 직육면체가 괜찮다고 여겼다. 리처드 마이어와 비슷한 접근이다. 그래서 그는 직육면체를 삐뚤빼뚤 쌓기로 했다.

쿱 힘멜블라우가 새로워 보이려면 리처드 마이어, 피터 아이젠만과 달라야 했다. 쿱 힘멜블라우는 쿱 힘멜블라우가 되어야 했다. 그렇게 쿱 힘멜블라우는 직육면체를 '찌그러뜨리기'로 마음먹었다. 그러나 직육면체를 찌그러뜨린다는 건 단순한 문제가 아니다. 직육면체를 그냥 찌그러뜨린다는 의미는 직육면체의 한 모서리를 힘을 주어 납작하게 만든다는 것이다. 이렇게 되면 직육면체의 한 마구리가 평행사변형이 되는 정도의 변형에 멈춘다. 쿱 힘멜블라우는 이것으로 만족할 수 없었다.

직육면체의 모서리를 직각이 아닌 사각(斜角)으로 찌그러뜨려 보자. 이렇게 하면 그 형상은 부정형이 된다. 이번에는 눌러 찌그러뜨리는 게 아니라 잡아당겨 부피를 늘리는 변형을 가하자. 매스의 크기가 커지면서 전에 없던 형태가 생긴다. 방법이 하나 더 있다. 꼭짓점을 집어 이동시키는 방법이다. 모서리를 택해 이동시킬 때보다 더 복잡한 변형을 만날 수 있다.

모서리나 꼭짓점을 이동시켜 얻은 형태를 말로 설명할 수 있을까? 아마도 불가능할 것이다. 말로 설명 불가능한 건 종종 새로운 게 되고, 독창적이라 평가받는다. 쿱 힘멜블라우의 형태적 독창성은 이런 방식으로 얻어졌다. 그런데 쿱 힘멜블라우의 형태는 언어로도 설명할 수 있다. 뒤에 언급할 프랭크 게리의 형태와 쿱 힘멜블라우의 형태 사이에 무시하지 못할 차이가 이 지점에 있다.

쿱 힘멜블라우의 형태는 묘사(있는 그대로 진술)가 불가능하지 설명 자체가 불가능하지는 않다. 쿱 힘멜블라우의 형태를 말로 설명하려 한다면 만드는 방법을 말하면 된다.

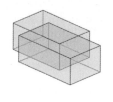
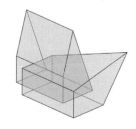

쿱 힘멜블라우식 직육면체 변형.

"우선 수평 방향으로 긴 직육면체를 상상하세요. 그다음 수평 방향 모서리 중 하나를 택해서 3차원상에서 특정 방향으로 움직여 보세요. 아니면 꼭짓점을 잡아 일정하게 이동시켜 보세요."

이러면 직육면체에서 변형된 형태가 생겨나는 과정을 어느 정도는 말할 수 있다. 단, 형태를 떠올리려면 무지막지한 상상력이 필요하다.

모서리와 꼭짓점을 이동시켜 변형된 형태를 얻을 수 있는 현실 세계의 재료가 있을까? 우선 찰흙을 생각해 보자. 찰흙으로 직육면체를 만들어 보면 금방 알 수 있다. 불가능하다. 고무는 어떨까? 비슷하긴 하지만, 변형이 생기는 면이 오목해진다. 현실 재료로는 형태를 만드는 데 제약이 있다. 방법이 없을까?

이때 필요한 게 바로 컴퓨터다. 컴퓨터가 제공하는 형태 변형 도구를 사용하면 제약 조건이 없다. 표현이 가능해지니 상상도 가능해진다. 쿱 힘멜블라우의 찌그러진 직육면체는 그렇게 탄생했다.

쿱 힘멜블라우의 건축 형태는 기계에서, 기계와 결합된 구름의

건축, 300년

찌그러진 직육면체가 활용된 유럽 중앙 은행.

형태로, 그렇게 완성형으로 진화했다. 그렇다고 그 과정에 존재했던 찌그러진 직육면체가 버려진 건 아니다. 쿱 힘멜블라우의 건축에서는 찌그러진 직육면체와, 기계와 결합된 구름 형상이 동시에 쓰인다. 전자는 유럽 중앙 은행(European Central Bank)이고, 후자는 다렌 국제 컨퍼런스 센터다.

쿱 힘멜블라우의 건축은 유럽 곳곳에 낯선 풍경으로 등장했다. 일부 건축가들도 따라 했다. 하지만 프랭크 게리의 곡면 건축만큼 선풍적인 반응을 불러일으키지는 못했다. 쿱 힘멜블라우의 건축 하나하나는 친숙한 형태가 될 것이지만, 그의 찌그러진 직육면체가 익숙한 형태로 도시의 우세종이 될 가능성은 감히 말하자면 없어 보인다.

여의도에서 만난 찌그러뜨리기

설명할 수 없는 저 삐딱한 건물의 정체

어느 날부터 강변북로를 타고 서쪽으로 가면서 바라보는 여의도의 풍경에 변화가 생겼다. 마천루는 아니어도 우리나라에서 고층빌딩이 가장 밀집한 곳이 여의도다. 여의도 동쪽 끝 터줏대감처럼 자리를 지키고 있는 63빌딩을 제외하면 모두 같은 모양이다. 수직으로 긴 직육면체. 고만고만한 높이에 수직으로 긴 직육면체들이 옹기종기 모여 있는 이곳에 이상한 건물이 등장했다. 프롤로그에 길게 언급한 IFC 서울이다.

IFC 서울의 형태를 말로 표현하는 것은 쉽지 않다. 이럴 땐 쿱 힘멜블라우의 건축 형태를 설명할 때 사용했던 방법을 써 보자. 만드는 방법으로 설명할 수밖에 없다는 면에서 쿱 힘멜블라우의 건축과 유사하지만, 다른 더 복잡한 방식이 필요하다. 프롤로그에서는 자세히 언급하지 않았으니 이번에는 본격적으로 얘기해 보겠다.

이 건물의 형태 일부는 쿱 힘멜블라우의 형태를 설명하는 방식을 적용해 설명할 수 있다. 머리 부분이 특히 그렇다. 수직으로 긴 직육면체를 만들어 놓고 상부 면의 모서리 꼭짓점 하나를 잡아 위로 끌어 올리면 이 같은 형상을 얻을 수 있다. 꼭짓점이 아니라 상부 면 모서리를 이동시켜도 그런 형상을 만들 수 있다.

결국, 모서리와 꼭짓점의 이동이라는 방식으로 IFC 서울의 모든 형태를 설명할 수 있다. 하지만 그러자면 절차가 너무 복잡하다. 긴 직육면체 중간이 배부른 모습을 말하려면 매스를 위아래 둘로 나누고 중간 꼭짓점이나 중간 모서리를 외부 방향으로 이동시켜야 한다. 설명은 할 수 있다. 정확하게 쿱 힘멜블라우의 방식으로 설명할 수 있지만, 너무 복잡하다. 뭔가 구차하다.

일단 쿱 힘멜블라우나 IFC 서울 모두 있는 그대로를 설명하기는 어렵고 만드는 방법으로 설명하는 것만 가능하다는 점을 다시 확인하자. 그 후 쿱 힘멜블라우와 IFC 서울의 차이점은 소조와 조각이라는 용어로 표현할 수 있다.

여기서 쿱 힘멜블라우는 소조다. 찰흙을 짓누르고 늘리고 때론 덧붙여 형상을 만드는 방법이다. 반면, IFC 서울은 조각이다. 잘라 낸다는 의미다. 중간에 배가 부른 직육면체는, 쿱 힘멜블라우의 방식이라면 중간에 찰흙을 덧붙여야 한다. IFC 서울 방식이라면 직육면체의 위아래를 비스듬하게 자르면 된다.

쿱 힘멜블라우나 IFC 서울이나 모두 직육면체를 기반으로 한다는 점에서는 리처드 마이어나 피터 아이젠만과 동일하다. 하지만 '쿱 힘멜블라우-IFC 서울'과 '리처드 마이어-피터 아이젠만', 이들

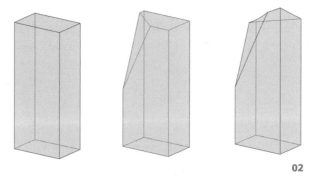

01 IFC 서울.

02 직육면체를 비스듬히 잘라내면 IFC 형태가 나온다.

사이에는 분명한 경계가 있다. '부분적 변형'과 '전체적 변형'의 차이다. 여기서 한 걸음 더 나아가 쿱 힘멜블라우와 IFC 서울 사이의 틈새를 보려면 소조와 조각을 적용해야 한다.

아키텍토니카의 비밀

IFC 서울의 설계자는 '아키텍토니카(Arquitectonica)'라는 대형 설계 회사다. 일단 이런 회사에서 진행한 결과물들에 일관성이 있을 거라 기대하는 건 상식적이지 않다. 디자이너만 수백 명이 있을 텐데, 그들이 일사불란하게 하나의 스타일을 추구한다는 건 불가능하다. 한편으론 수백 명의 디자이너가 있는 대형 설계 회사에서 하나의 스타일을 보여준다면 좀 무시무시한 느낌이 들 것이다. 조심스레 '전체주의'라는 단어가 떠오른다.

아키텍토니카의 프로젝트에는 모더니즘에 싫증 난 건축가들이 추구할 수 있는 모든 시도가 담겨 있다. 르 코르뷔지에가 로마 건축을 기본으로 한 후, 한참을 직육면체에 매달리다 롱샹 성당을 통해 표현주의로 옮겨가던 즈음, 건축가들의 관심은 오로지 새로운 형태를 찾는 것이었다.

롱샹 성당 이후 새로운 시도들은 다양했지만, 요약하면 비곡면 혹은 곡면이었다. 비곡면 틀 안에서는 직육면체를 기반으로 하지만 변형 방법에서 세부적인 차이가 보인다. 직육면체 평행이동(리처드 마이어), 직육면체 회전이동(피터 아이젠만), 직육면체 찌그러뜨리기

(쿱 힘멜블라우)로 구분할 수 있다.

곡면에 대해서는 아주 간단하게 자유 곡면(건축가들은 '유기적인'이라는 표현을 선호한다.)과 수학적 공식으로 표현될 수 있는 기하학적 곡면이 있다는 정도로 말할 수 있다. 전자가 프랭크 게리이고 후자가 자하 하디드다.

아키텍토니카의 홈페이지를 보면 곡면과 비곡면이 모두 있다. 자유 곡면도 있고 기하학적 곡면도 보인다. 직육면체 활용에서는 피터 아이젠만도, 쿱 힘멜블라우의 스타일도 엿볼 수 있다. 이 모든 걸 하는 회사에서 수백 명이 머리를 싸매고 새로움을 찾으려 할 테니, 뭔가 좀 다른 게 나올 법도 하다.

IFC 서울에서는 뭔가 달라야 한다는 강박을 만족시켜줄 만한 독창적인 변형을 살짝 엿볼 수 있다. 앞서 말한 것처럼 '조각'을 좀 더 적극적으로 사용한 덕이다. 덧붙여 만드는 방법(소조)과 다르게 깎아 만드는 방법(조각)을 도입함으로써, 쿱 힘멜블라우와는 또 다른 새로운 형태를 만드는 데 성공했다.

그렇다고 건물 형태를 만들 때 조각을 쓴 사례가 전혀 없던 건 아니다. 그런 방법에 비해 IFC 서울이 좀 더 주목받을 수 있는 것은 쿱 힘멜블라우식 변형에 조각 방법을 더했기 때문이다. 쿱 힘멜블라우의 방법만 사용했더라면 아류라고 손가락질 받았을 것이다. 조각 방법만 썼더라면 그저 다른 하나의 사례에 머물렀을 것이다. IFC의 생소함과 신선함은 두 방법을 섞어 쓴 데서 나왔다.

01

02

03

04

아키텍토니카의 작품에는 현대
건축이 새로운 형태를 고안하기 위해
시도하는 모든 방법이 보인다.

01 예쁘게 쌓기로 지은 더 맥스(The Max).

02 찌그러뜨리기 방식을 도입한
랜드마크 이스트(Landmark East).

03 곡면 건축으로 만든 메가 타워(Mega Tower).

04 삐뚤빼뚤 쌓기로 구현한
알로프트 미라플로르 호텔(Aloft Miraflores Hotel).

그저 다르면 아름다운 것인가?

IFC 서울은 여의도 뷰에서 독특한 스카이라인을 만들어 냈다는 점에서 일단 성공이다. 누구나 이 건물에 주목한다. 그런데 왜 달라 보이느냐고 물으면 답할 수 있을까? 한 걸음 더 나아간, 근본적일 수 있는 질문이 있다. IFC 서울은 아름다운가? 자, 지금부터 이 질문에 답해 보자.

우선 달라 보이는 까닭을 고민해 보자. 답은 매우 직관적이다. 형태나 색채가 뛰어야 한다. IFC 서울은 형태를 이용해 '달라 보이려고' 한다. 63빌딩이라는 예외가 있지만, 여의도 안의 모든 빌딩은 직육면체가 똑바로 서 있는 모양이다. 이런 주변 상황에서 다르게 보이는 법은 곡면을 쓰거나 비곡면에 변형을 가하면 된다. IFC 서울에서는 비곡면 직육면체를 변형하는 방법을 택했다.

직육면체에 특별한 변형을 가하지 않고도 다른 형태를 추구할 수 있다. 상세를 좀 유별나게 하면 된다. 이는 건물 일부분을 다른 전체와 대비되도록 독특한 형상으로 만드는 것이라고 보면 된다. 그런데 이 방법에는 한계가 있다. 첫째, 가까이서만 인식할 수 있다. 상세를 아무리 독특하게 한들 강변북로를 달리는 차 안에서 그 다름이 확인될 리가 없다. 또 한 가지, 상세를 독특하게 만든다는 건 표현을 달리하면 장식을 한다는 소리다. 백 년 전쯤 아돌프 로스가 장식을 배제해야 한다고 주장할 때와 지금은 상황이 많이 달라졌다. 더 많은 사람에게 더 많은 혜택을 주자는 주장에 반론의 여지가 없는 건 아니다. 그래도 건축에서는 여전히 장식이 군더더기 같은 느낌이 있다. 장식을 주렁주렁 다는 것보다 훨씬 비용이 들어도 보이지 않는 장식을 다는 게 현대 건축가들이다.

장식을 죄악시할 상황은 아니지만 그래도 여전히 건축가들은 장식에 주저한다. 모든 시각 디자이너들이 그렇다. 실내 건축은 말할 것도 없고, 제품 디자인이나 가구 디자인 영역에서도 마찬가지다. 하지만 예전 장식보다 값비싼 방식으로 '장식 아닌 것처럼 보이는 장식'을 추구한다. 사람들이 바보라고 생각하는 모양이다. 근데 사람들은 진짜 바보다. 장식을 주렁주렁 다는 게 차라리 더 싸게 먹힌다는 걸 잘 모른다. 건축에서 보이는 가장 단적인 예는 노출 콘크리트다. 노출 콘크리트로 외피를 만든 건축물은 장식을 덧댄 어떤 건물보다 비싸다.

'빈자의 미학'을 주장한 건축가가 있었다. 아주 단순한 건축 형태에서 느껴지는 아름다움을 '빈자의 아름다움'이라 불렀다. 그러나 장식을 배제하고 단순한 형태를 완성도 있게 구현하는 데 흔히 쓰는 노출 콘크리트라는 재료는, 어떤 장식재보다 혹은 그만큼 비싸다. 부자가 빈자를 흉내 낸 미학에 자아도취 돼 이름을 붙였으니 구설에 오르는 것은 당연한 일이었다.

달라 보이는 방법으로 상세가 아닌 형태를 택하는 건 매우 자연스럽다. IFC 서울은 직육면체에 변형을 가했다. 게다가 쿱 힘멜블라우의 방법에 조각적 기법을 더해 생소한 형태를 만들었다.

사람의 눈은 비슷한 것보다는 다른 것을 더 잘 찾는다. A4 한 장에 정사각형을 100개쯤 그려 놓고 삼각형 하나와 직사각형 하나를 숨기면 누구라도 금세 삼각형을 찾을 수 있다. 반면 직사각형을 쉽게 찾는 사람은 없다. 사람의 눈과 뇌는 주변과 다른 것을 찾는 데 최적화돼 있다. 늘 봤던 것 사이에 다른 게 있을 때 눈에 더 잘 띈다. 그게 본능이다. 그래야 생존 가능성이 높아진다.

인간의 눈이 움직이는 물체에 더 잘 반응하는 것과 마찬가지 원리다. 정지한 물체는 형상에 변화를 가져오지 않는다. 하지만 움직이는 물체는 다르다. 변화가 크든 작든 있다. 그 변화가 어떤 영향을 미칠 것인지 확실해지기 전까지 그 물체에 집중해야 한다. 여의도 스카이라인에서 IFC 서울은 정사각형 숲에 놓인 삼각형 같은 존재다.

IFC 서울은 형태를 특이하게 해서 이목을 집중시키는 전략을 택했다. 다른 건물보다 앞서 들어선 덕에 다양한 선택지 중 하나를 고를 수 있었다. 이어 들어선 여의도의 다른 건물의 선택지는 줄었다.

파크원.

인근에 지어진 유명한 건물로 리처드 로저스의 '파크원(Parc.1)'이 있다. 파크원의 형태는 매우 일반적이다. 수직으로 똑바로 선 직육면체다. 리처드 마이어처럼 직육면체 예쁘게 쌓기를 시도한 흔적이 보이지만, 그런 방식으로 튀어 보자고 애쓴 것도 아니다. 그 대신 파크원은 색채를 택했다. 빨간 줄이다. 거대한 빨간 줄도 IFC 서울만큼이나 강변북로에서 훤히 보인다. 익숙한 스카이라인이지만 빨간 선이 이목을 끈다. 이것도 성공이다.

이쯤에서 'IFC 서울이 없었더라도 파크원이 색채라는 방법을 택했을까?'라는 궁금증이 생긴다. 아마 아닐 것이다. 파크원의 그 생경한, 그래서 구설에 오르는 거대한 빨간 줄은 마지못한 선택일 것이다.

이제 정말 중요한 질문, IFC 서울은 아름다워 보이는가? 정말 어려운 주제다. 'IFC 서울류'는 그저 달라 보이는 것만을 그 가치로 한정해야 하는지, 그 자체가 아름다운지에 대해 입을 열어야 한다. 이 질문에 답을 내보기로 한 순간, 내 책꽂이에 꽂혀있는 『미학대계』가 눈에 들어온다. 무려 1000페이지에 가깝다. 방대한 분량도 모자란지 간략한 내용만을 담았다고 한다. 수십 명의 학자가 달라붙어도 해결이 안 된 문제를 언급하자니 정말 난감하다.

미(美)에 관한 질문 중 회자되는 것으로 이런 게 있다. 미는 물체에 있는가? 사람의 마음에 있는가? 이런 질문에 우리는 상당히 익숙하다. 답은 분명 양시론에 양비론을 더한 무언가일 터. 보통 미는 물체에 있기도, 사람의 마음에 있기도 하다고 답한다. 여기서는 이렇게 하자. 미가 물체에 있다는 사람도 있고, 마음속에 있다고 믿는 사람도 있다고. 그리고 이 두 시각 모두 맞다고.

건축물에, 좀 더 구체적으로 건축물 형태 자체에 아름다움이 있다고 보는 사람들은 '형태가 어찌해서 아름다움을 지닐 수 있게 되는지'에 대해 얘기해야 한다.

이들은 형태는 하나의 덩어리가 아니고, 작은 덩어리가 모여 하나를 이룬 거라 여긴다. 대상을 바라보는 범위가 한없이 확장되면 우주를 하나의 형태로, 한없이 축소하면 작은 점으로 모인다.

형태 자체의 아름다움을 주장하는 사람들은 미를 설명하기 위해 '형식미'라는 개념을 만들었다. 형태에 특정한 격식이 있어 그 덕에 아름다워 보인다는 것이다. 격식을 적용하려면 우선 대상을 주변으로부터 고립시켜 떼내고 세부적으로 분할해야 한다. 그래야 비로소 감상할 준비가 된 셈이다.

이제부터 필요한 게 비례다. 비례와 비슷하게 균형·리듬감·조화 등등 이런 것들도 언급되지만 그 밑바탕을 들여다보면 거기에는 비례가 깔려 있다.

비례는 전체를 구성하는 부분들 간 크기의 비율이다. 비례는 크기뿐만 아니라 상대적 위치와도 관련 있다. 전체 크기를 가늠하려면 한눈에 파악될 수 있는 위치에 각 부분이 배치되어야 하기 때문

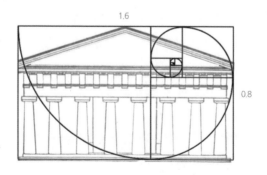

파르테논 신전 비율.

이다.

황금비를 예로 들면 이해가 쉬울 것이다. 황금비는 우선 밑변과 높이, 두 부분이 그림처럼 직사각형 위치 관계로 모여야 한다. 그다음 같은 모서리를 공유하는 두 변의 비율이 1대1.618이 되면 황금비라고 부른다.

황금비를 애용하는 사람들은 그리스 신전 입면을 이 비례에 맞춰 분석한다. 건물의 폭과 높이는 물론, 직사각형의 모서리를 이루는 두 변의 길이의 비율이 황금비라는 식으로 사례를 나열하면서 아름답다고 주장한다. 한때는 모두가 믿었다. 지금은 대체로 안 믿는 분위기지만, 황금비를 무시할 수 없다는 증거를 들어 볼 수 있다.

사람 얼굴을 보자. 잘생겼다는 평을 듣는 사람들을 모아 놓고 이목구비의 위치 관계와 거리 비율을 따지면 어느 정도 수렴하는 바가 있다. 그러니 비례가 중요하지 않다고 할 수도 없다. 한편 비례가 맞지 않아도 잘생겼다고 평가받는 일도 있다. 이럴 때 '우리는 개성 있다', '나름 매력적이다'라는 표현을 쓴다.

건축 형태의 미를 분석할 때 물체 자체에 미가 있다고 보는 건축가는 리처드 마이어와 피터 아이젠만이다. 리처드 마이어는 전체를 몇 부분으로 자르고, 부분들 간 적당한(즉 아름다워 보이는) 비율을 찾았다. 그에 따르면 부분들은 직사각형의 관계로 맺어지고, 비율은 같은 모서리를 공유하는 두 변의 길이를 조절하면 얻을 수 있다. 직사각형 위치와 변의 길이를 세심하게 조절해 아름다운 형태를 만든다.

피터 아이젠만도 물체 자체에 아름다움이 있다고 믿는 사람인 것 같다. 그의 직육면체 삐뚤빼뚤 쌓기는 얼핏 보기에는 리처드 마이어와 상당히 다르다. 하지만 속내를 들춰보면 똑같다. 삐뚤빼뚤해진 면을 기준으로 하고 보면, 그 이후는 리처드 마이어의 반복이다. 형태들은 직사각형의 위치 관계를 지니고 황금비와 같은 적절한 비례에 적응한다. 그런데 더 중요한 게 있다. 삐뚤빼뚤한 면 자체도, 삐뚤어지기 전의 기준면과의 관계에서 비례가 발생한다. 삐뚤지 않은 기준면과 비교해 얼마나 삐뚤어지느냐, 즉 삐뚤어진 양에서 적절한 차이를 찾으려고 한다. 결국, 삐뚤어지기 전과 후의 비례도 포인트다.

물체 자체에 아름다움이 깃들어 있다는 생각이 지금도 유효하지만, 예전에 비하면 많이 퇴색했다. 아름다움은 물체 자체보다 사람 마음에 달려 있다는 생각이 강해졌기 때문이다. 그래도 사람 마음이 이리저리 움직이는데, 즉 감흥을 일으키는데, 물체 자체의 형태적 특성도 어느 정도 작용할 것이다. 그저 예전만큼은 아니라는 소리다.

어째서 아름다움의 감정이 물체 자체의 속성과 멀어졌을까? 이런 상황을 적시하는 표현으로 '재현의 위기'라는 게 있다. 존재하는 것을 실재처럼 그려내는 것에 전처럼 의미와 가치가 부여되지 않게 되었다는 말이다.

물체의 아름다움은 인간에 의해 재현된 대상(그림·조각 등)으로 드러난다. 어느 시점부터인가 재현된 물체에 아름다움이 깃들어 있다는 생각에 의문이 생기기 시작했다. 두 가지 의문이었다. 하나는 물체 자체에 아름다움(혹은 진리)이 정말 있는가, 다른 하나는 아름다움이나 진리가 있다 해도 그것의 표현과 그것 자체가 일대일 관계가 성립하는가다. 의문의 시간이 이어지면서 물체 자체와 표현의 관계는 임의적인 것으로 여겨지게 되었고, 급기야 물체 자체에 아름다움이 깃든다는 주장은 흔들렸다.

그러나 물체 자체의 아름다움을 부정한다 해서 우리 마음속에서 우러나오는 아름다움을 부정할 수는 없다. 그래서도 안 된다. 이런 입장이라면 아름다움은 사람의 마음에 있는 거라 주장하고 싶을 것이다.

건축적 형태의 아름다움을 마음의 움직임과 관련시켜야 한다는 주장에서는 또다시 '형식미'라는 단어가 등장한다. 형식미라고는 하지만 형식 자체가 미를 결정한다는 뜻은 전혀 아니다. 형태를 눈에 띄게 만들고, 마음이 움직일 계기를 마련해 준다는 의미 정도다.

마음의 움직임을 만드는 계기와 관련되는 형식미의 요소는 '대조'와 '대비'다. 이 두 단어를 분석하자면 차이가 있지만, 여기서는 동의어로 봐도 무방하다. 대조는 어떤 부분이 다른 부분과 달라 보일 때를 지칭하는 개념이다. 사실 어떻게 해서 달리 보이는지에 대한 구체적 언급은 없다. 그냥 직관적으로 달라 보인다는 사실에 만족하자. 그 정도 선에서 대조라는 개념을 적용해 보자.

IFC 서울의 형태는 분명히 대조적이다. 주변과 다르고, 주목하게 만든다. IFC 서울의 형태 미학이 작동하는 건 여기까지다. 마음의 작용에 대해서는 섬세하게 연구된 바가 없다. 대조는 때로 파격적인 아름다움을 가져오기도 하기도 하지만, 불균형과 불쾌감을 줄 수도 있다. 주변과 다르거나 보던 것과 달라서 주목하게 될 때 '아름답다'라고 하는 사람도, 추하다고 보는 사람도 있다는 얘기다.

IFC 서울의 독특한 형태는 쿱 힘멜블라우의 방식을 일부 빌려오고, 거기에 자신만의 레시피, 즉 조각적인 방법을 가미해 만들어졌다. 남다른 형태는 사람들의 눈길을 사로잡는 것으로 임무 완료다. 그게 아름다움으로 혹은 추함으로 이어질지는 장담할 수 없다. 사실 IFC 서울의 설계자는 장담하려고 하지도 않을 것이다. 간단히 말하자면 IFC 서울은 아름다움을 추구하지 않는다. IFC 서울에서 아름다움을 느끼느냐 추함을 느끼느냐는 오로지 감상하는 이의 몫이다.

IFC 서울은 낯선 풍경으로 등장했다. 그건 분명히 인정할 만하다. 이제 드는 궁금증, 친숙한 풍경으로 남을 것인가? 익숙한 풍경으로 진화할 것인가?

직육면체를 찌그러뜨려서 만든 SRT 수서역.

'IFC 서울류'가 도시 경관을 지배하는 우세종이 되는 건 어렵다. 두 가지 까닭이 있다. 하나는 이 건물처럼 달라 보이기 위해서는 평범한 직육면체 건축이 필요하다는 점이다. 모두가 IFC 서울처럼 되어서는 IFC 서울이 될 수 없다. 바로 옆 리처드 로저스의 파크원이 이를 증명한다. 다른 까닭 하나는, 가성비가 떨어진다는 점이다.

직육면체를 얌전하게 쌓는 것, 즉 모더니즘 스타일로 쌓는 게 같은 연면적을 확보하려 할 때 비용이 가장 적게 든다. 리처드 마이어처럼 예쁘게 쌓자면 당연히 더 든다. 피터 아이젠만처럼 삐뚤빼뚤하게 쌓자면 리처드 마이어보다 출혈이 더 심하다. 공사 방법이 까다로워서다. IFC 서울처럼 생긴 건물을 만들자면 피터 아이젠만 방식보다 돈이 더 들어간다. 그러나 그 효과가 '피터 아이젠만류'보다 압도적으로 큰 것도 아니다.

그런 사례를 들어보자. SRT 수서역이다. 여기에는 쿱 힘멜블라우나 IFC 서울에서 보이는 형태가 있다. 하지만 대부분 잘 모르고 지나친다. 어렵게 만들었지만 '다름 효과'는 크지 않다. IFC 서울이나 SRT 수서역은 낯선 풍경으로 등장해 친숙한 풍경으로 남을 것이다.

03
다시, 곡면 건축

아무리 봐도 모를, 저건 뭘까?

2003년, 미국 로스엔젤레스에 마이클 그레이브스를 무색하게 하는 낯선 풍경이 들어섰다. 로버트 벤츄리를 거론하지 않는 건 그의 건축이 미묘하게 낯설어서다. 보자마자 나오는 "저건 뭐야?"라는 식의 호기심과 좀 거리가 있다. 시각적 충격이라는 측면에서 보자면 역시 마이클 그레이브스다. 그런데 그의 건축을 무색하게 만드는 건축이 등장한 것이다.

여기서 답을 찾기는 어렵다. 마이클 그레이브스의 건축은 "저게 뭐지?"라는 낯선 느낌으로 다가오지만, 두루 살피면 눈에 익은 것을 쉽게 찾을 수 있다. 포틀랜드 공공청사의 정면을 장식하고 있는 주두 장식이 그렇다. 멀리서 보면 낯설지만, 가까이서 찬찬히 보면 익숙한 것이 변형돼 있다는 걸 알 수 있다. 그리고 더 멀리서 바라

보면 최초에 느꼈던 낯섦과는 또 다른 낯섦을 경험한다. 익숙함과 낯섦의 조합이고 유희다.

로스앤젤레스에 나타난 새로운 풍경은 다르다. 출렁이는 깊고 높은 파도 속에 빠진 느낌이다. 파도를 콕 집어 언급한 것은 고정적이지 않기 때문이다. 출렁이는 물살이 파도의 세세한 부분까지 두루 파악하기 힘들게 하는 것처럼 로스앤젤레스의 이 건물도 움직이는 사람의 시선에 따라 출렁인다. 지금 얘기하고 있는 건물은 바로 '디즈니 콘서트 홀(Disney Concert Hall)'이다.

이 건물은 도통 뭐가 뭔지 모르겠다 싶을 정도로 보는 이를 당황스럽게 한다. 특히 다음 상황에서 더 분명해진다.

누군가가 디즈니 콘서트 홀 앞에 선다. 전화로 친구에게 이 건물 앞에서 보자고 하려 한다. 이 건물의 생김새를 설명해야 한다. 근데 그것을 묘사하기가 쉽지 않다. 여러분이라면 잘 설명할 수 있을까? 누군가가 필립 존슨이 설계한 AT&T 빌딩 앞에 있다면 친구에게 장소를 알려주기가 쉬울 것이다.

"높은 건물인데, 머리에 삼각형이 있어."

이렇게 말하면 끝이다. 형태를 명확하게 전달할 수 있고 주변에 비슷하게 생긴 건물도 없다. 마이클 그레이브스의 포틀랜드 공공청사 빌딩도 마찬가지다. 정육면체에 가까운 큰 건물인데, 그 정면에 그리스 신전에서나 볼 법한 기둥머리가 새겨져 있다고

AT&T 빌딩.

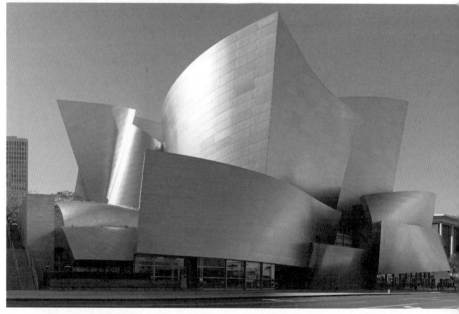

형태를 묘사하기 힘든 디즈니 콘서트 홀.

하면 된다.

보통 건물의 생김새를 설명할 때는 잘 알려진 형태를 기준으로 한다. 전에 있었던 구체적인 무엇과 비슷하다거나, 예전부터 사용해온 원·정사각형·삼각형 등 이런 기본 모양을 이용해 손쉽게 설명한다. 디즈니 콘서트 홀은 이런 방법들을 모두 거부한다. 옛날에 있었던 무엇과도 닮지 않았고, 기본 모양을 생각나게 하는 형태도 없다. 아주 상상력이 좋은 사람이라면 물속을 헤엄치는 물고기 표피의 움직임과 같다고 할 수 있겠다. 표현은 재밌지만 전달 능력은 그다지 없다.

디즈니 콘서트 홀의 형태적 특징으로 꼭 거론해야 하는 게 하나 더 있다. 이 두 번째 특징은 첫 번째 특징으로부터 파생한다. 한 번, 두 번, 세 번… 보고 또 봐도 도무지 건물 형태가 기억나지 않는다는 점이다. 뭔지 모르겠다 싶은 형태, 즉 이해할 수 없는 형태는 기억도 힘들다. 기억은 이해를 바탕으로 하니까.

디즈니 콘서트 홀은 묘사하기도 어렵다. 건물 형태와 비슷한 틀이 없기 때문이다. 정말 낯선 풍경이다. 이런 얘기를 이 건물 설계자인 프랭크 게리가 들으면 무척 좋아할 것이다. 그의 의도가 제대로 먹혀들었으니. 보는 이들을 헷갈리게 만드는 게 그의 의도였다. 왜 그런 건물이 필요했는지를 알려면 이 건물이 지어질 당시의 로스앤젤레스를 알아야 한다.

뭐가 뭔지 모를 형상에 담긴 뒷이야기

1992년 로스앤젤레스에서 폭동이 일어났다. 상점이 폭도들에게 털리고 부잣집에는 총알이 날아들었다. 가난한 이들의 불만 표출이었다. 이런 일이 한 번 벌어지면 가진 자들은 항상 조심한다. 돈이 있어도 가난한 사람들이 보는 앞에서 펑펑 쓰다간 큰일을 치를 수 있다. 돈 자랑에 조심해야 한다. 하지만 부자는 돈 자랑 자체를 하지 않기가 힘들다. 그러기에 적당한 방법을 찾아야 했다.

그때 프랭크 게리라는 건축가가 있었다. 이런 사회적 분위기에 딱 맞는 집을 설계할 줄 알았다. 부잣집을 설계하면서 딱 봐도 부잣집처럼 보이지 않게 하는 묘기를 부렸다. 그런 묘기를 나름 집대성해서 모아 놓은 것이 자신의 집, 바로 '게리 하우스'다.

게리 하우스를 보면 단번에 '허접한 집'이라는 인상을 받는다. 아주 흔하게 보는 미국식 목조 주택을 허술하게 개조한 모양새다. 규모도 작다. 아주 평범한 중산층의 집이다. 값싸 보이는 함석판으로 담장을 둘렀다. 이 담장이 좀 특이하다. 미국식 목조 주택은 대개 자신을 외부로 드러낸다. 감추거나 보호하려 하지 않는다. 그런데 여기서는 감춘다. 뭔가 다르다. 안전 문제에 신경 쓰는 게 분명하다.

담장을 둘렀으니 대문이 있어야 한다. 대문으로 올라가는 작은 기단이 보인다. 합판 쪼가리로 만들었다. 크지도 않다. 게리 하우스의 허접함을 더욱 돋보이게 하는 건 담장 위에 얹힌 철망이다. 철망도 담장을 높이려고 붙여 놓은 듯하다. 근처 해변에 나뒹구는, 누군가 내다버린 듯한 철망을 주워다 재활용한 것 같다.

그런데 이 집에 반전이 있다. 알고 보면 매우 비싸게 지었다. 담

흔한 '싼 집'처럼 보이고 싶은 게리 하우스.

장으로 두른 함석판은 특별 제작하여 만들었고, 철망도 비싼 돈을 주고 '주워 온 것처럼' 만들었다. 아는 사람이 보면 게리 하우스가 비싼 집이라고 눈치챌 수 있겠지만, 일반인들은 전혀 알지 못할 것이다.

　명품은 아는 사람만 안다. 그럴 수밖에 없다. 사실 명품이 겉으로 보기에 아주 큰 차이가 있는 게 아니다. 때로 명품 아닌 게 더 근사해 보이기도 한다. 명품과 명품 아닌 것을 가르는 주요 기준 가운데 하나는 비싸냐 아니냐 아니겠는가.

게리 하우스는 그런 명품처럼 작동한다. 뭘 좀 아는 사람들은 게리 하우스가 비싼 걸 싼 티 나게 보이려고 엄청 애를 썼다고 할 것이다. 모르는 사람은 관심을 안 가져줬으면 하고 바란다. 로스엔젤레스에서는 돈 자랑 잘못하다가는 자칫 총을 맞을 수 있으니까. 그게 아니어도 돈 없는 사람한테 돈 자랑을 하면 돈 빌려달라는 소리나 들으니까. 돈 자랑도 있는 사람한테 해야 맛이 난다. 게리 하우스는 돈 자랑하기에 적당한 도구다. 프랭크 게리는 가난한 사람들의 심기를 건드리지 않으면서 돈 자랑하는 방법을 찾는 부자들이 좋아하는 건축가가 되었다. 그가 부자들만의 건축가로 머물렀다면 지금의 프랭크 게리가 되지 못했을 것이다.

다시, 로스엔젤레스 폭동이다. 부자처럼 보이지 않게 부자임을 드러내는 기술을 좀 다른 방식으로 쓸 일이 생긴 것이다. 이 사건 이후 시민들은 공동체 의식을 조성해야 한다고 느꼈다. 아마도 부자들이 이런 필요를 더 느꼈을 것이다. 서먹해진 사람들이 좀 친해지려면 만나서 얼굴을 맞대는 게 필요하다. 같이 밥이라도 먹으면 더 좋다. 시 당국은 이런 기회를 제공할 공공공간을 만들기로 했다. 일종의 시민회관인데, 공적인 냄새가 최대한 나지 않게 할 필요가 있었다. 그래서 시민들을 위한 음악당을 만들기로 했다.

프랭크 게리가 음악당 설계자로 낙점됐다. 어떤 모양새로 만들어야 할까 고민이 많았을 것이다. 불과 얼마 전 폭도들은 부잣집에 총을 쏘았고, 공공기관에 방화를 저질렀다. 모든 시민이 교류하는 공간이 되려면 누구의 눈에도 거슬리지 않는 형태여야 했다. 어떤 건물이 눈에 거슬린다는 건 그와 유사하게 생긴 건물과 엮인 불쾌한 기억이 있기 때문이다. 누구도 본 적 없고, 기억에도 없는 건물이어야 했다.

과거의 어떤 건물과도 연결되지 않는 새로운 형태가 필요했다. 그런데 구체적인 방법이 없었다. 그것을 찾아야 했다. 이럴 때 먼저 자신이 걸어온 길을 돌아봤을 것이다.

건축가로서 지닌 자신만의 유별난 자산은 무엇인가? 아마도 그중에서 하나를 찾아 활용하는 게 가장 효과적인 방법일 것이다. 새로운 형태를 찾는 방법은 리처드 마이어, 피터 아이젠만, 쿱 힘멜블라우로부터 확인할 수 있는 것처럼 다양한 방식으로 가능했을 것이다. 그러나 그중 자신이 가장 잘 해낼 방법이어야 했다.

프랭크 게리는 '곡면의 건축가'로 잘 알려져 있지만, 처음부터 곡면 형태를 쓰지는 않았다. 1988년 MoMA 전시회에 초대된 작품도 곡면과는 거리가 멀다. 그는 자신만의 특별한 형태를 찾기 위해 다양한 시도를 했다. 개중 눈에 띄는 게 시카고 트리뷴 '재설계' 공모전에 응모한 설계안이다.

《시카고 트리뷴》은 1922년, 사옥 설계를 공모했다. 당시 모더니즘 열풍이 유럽을 넘어 미국으로 들이닥칠 때였다. 건축인들은 당선안을 보고 실망을 금치 못했다. 네오 고딕으로 보이는 역사주의 양식의 건물이 선정됐기 때문이다. 모더니즘 열기 속에서 건축인들은 모던한 작품을 원했다. 출품작 중에는 당연히 모더니즘 계열 작품도 있었다.

개중 대표작 하나가 루드비히 힐버자이머의 계획안이었다. 직육면체로 구성되는 단위 공간을 만들고 그것을 수평과 수직으로 적

1925년 완공된 시카고 트리뷴 사옥.

층하고 있다. 단순한 매스와 장식 배제, 그리고 인간의 활동을 효율적으로 수용하는 데 초점을 둔 공간 설계다. 당시 건축인들은 이런 작품을 원했던 것 같다. 하지만 기대와 달리 역사주의 양식의 건물이 당선안으로 채택됐다.

1980년, 시카고 트리뷴 사옥 설계 공모선이 또 열렸다. 과거의 아쉬움을 풀어 보자는 의미인데, 다양한 기획안이 쏟아졌다. 그중 눈에 띄게 독특한 것이 프랭크 게리의 안이었다. 건물을 작고 큰 두세 개의 긴 직육면체로 구성했다. 여기까지는 크게 특별할 것도 없다. 하지만 건물 머리에 독수리를 얹었다. 특별해진다. 고층건물 상단부(머리)에 웬 뜬금없는 독수리라니, 의아해하는 사람이 상당수였다.

프랭크 게리의 답은 간단명료했다.

"새로운 형태적 모티브를 실험하는 중입니다."

건축은 자연으로부터 형태를 빌려왔으니 독수리 형상도 가능하다는 주장이었다. 그의 주장이 범상치 않다는 건 이후 시도에서 분

건축, 300년

프랭크 게리의 시카고 트리뷴 안.
현실화되지는 않았다. 필립 존슨의 AT&T 빌딩 지붕을
생각하면 이 건물 지붕에 앉은 독수리 형상을 같은
맥락에서 이해할 수 있다.

명히 드러났다. 그는 다음에 물고기 형태를 활용했다. 열주랑으로,
건물 외관으로 물고기 형상이 나타나기도 했다.

　프랭크 게리의 작품에서 물고기가 끊임없이 등장하자 사람들은
갑자기 궁금해졌다. 물고기에 대한 일종의 집착이라는 반응도 나왔
다. 누군가는 숨겨진 비밀이 있다고 수근거렸다. 그랬으면 하고 기
대했을 것이다. 물고기는 다른 형상과 달리 특별한 상징성을 띠기
때문이다. 물고기 형상은 성경에 나오는 '요나의 물고기'가 되어 종
교적 의미로 해석될 수 있으며, 한편으론 남성성의 상징이기도 하

틀을 깨버리다

다. 특히 프로이트 심리학과 남성성을 연결하면 무척 재미난 이야기를 엮을 수 있다. 프랭크 게리의 의도와 무관하게 물고기 형상에는 이런저런 말들이 더해졌다.

건축계의 많은 이가 프랭크 게리의 물고기에 관해 궁금해할 무렵, 한 건축 잡지에서 그 의미에 대해 질문했다. 단순하게 "물고기는 뭘 의미하는 건가요?"라는 식은 아니었다. 물고기는 보통 남성성을 떠올리게 하는데, 프랭크 게리가 어렸을 때 겪은 잉어 에피소드에 관해 물어본 것이다.

그 에피소드는 대략 이렇다. 어린 시설 프랭크 게리의 어머니가 시장에서 사온 잉어가 얼마 지나지 않아 먹음직스러운 회가 되어 식탁에 올라왔다. 그때 그는 적잖은 충격을 받았다는 것. 결국, 난도질당한 잉어와 물고기의 남성성을 엮어 일종의 '거세 공포'가 작용한 것 아니겠냐는 유도 질문이었다. 어느 구석에선가 프로이트와 관련된, 성적 충동을 암시하는 '핫'한 대답을 기다리던 기자에게 돌아온 프랭크 게리의 답은 좀 허망했다.

그의 얘기는 이랬다. 건축에서 지속적으로 쓸 형태적 모티브를 찾고 있는데, 현재는 움직임이 역동적인 물고기에 유독 관심이 있다는 것이었다. 즉 고층 건물 머리에 얹은 독수리와 같이 형태적 모티브를 찾는 과정의 하나로 물고기의 형태에 천착했다는 답이었다.

물고기의 역동성에 매료된 그는 물고기의 유선형 몸체를 구성하는 곡면에도 사로잡혔다. 여기서부터 그의 곡면 건축이 시작됐다.

프랭크 게리 이전에 곡면 건축이 전혀 없었던 것은 분명 아니다. 가깝게는 에로 사리넨(Eero Saarinen)의 'TWA 터미널'이 있고, 에릭

01

02

01 아인슈타인 타워.
02 TWA 터미널.

멘델손(Erich Mendelsohn)의 '아인슈타인 타워(Einstein Tower)'도 있다. 더 거슬러 올라가면 '아야 소피아(Hagia Sophia)'의 돔도 곡면 건축이라 불러야 할 것이다. 하다못해 원시인들이 짓고 살았던 원추형 움막도 그 예다. 이런 식으로 보자면 프랭크 게리의 곡면 사용이 그다지 유별날 것도 없다.

하지만 원추형 움막, 아야 소피아와 에로 사리넨, 에릭 멘델손 사이에는 기하학적 곡면과 자유 곡면이라는 차이가 있다. 에로 사리넨, 에릭 멘델손과 프랭크 게리의 곡면 사이에서도 매우 의미심장한 구분이 존재한다. 진자가 곡면의 조형적 아름다움에만 초점을 맞췄다면, 프랭크 게리는 자유 곡면이 지닌 또 다른 힘에 주목하고 있었다.

프랭크 게리는 디즈니 콘서트 홀을 곡면으로 만든다. 물속을 유영하는 물고기를 연상시켰다. 결과는 성공적이었다. 앞서 말했듯이 누구도 예전에 보았던 무엇과 닮았다고 하지 못했다. 사람들은 과거의 불쾌한 기억을 되살리지 않아도 됐다. 마음 놓고 편하게 바라볼 건물이 생긴 것이다.

결코 완전하게 포착되지 않는 자유 곡면의 힘에 처음으로 주목하고 사용했다. 이런 의미에서 프랭크 게리는 자유 곡면을 다시 고안해 낸 셈이다.

디즈니 콘서트 홀은 치밀하게 계산된 낯선 풍경이다. 낯설어야만 했던 건물이다. 로스엔젤레스가 처한 특수 상황에 대처하기 위한 특별한 해결책이었다. 의도된 낯섦이었다. 이런 해결책이 세계적인 유행으로 번져 갔다. 물론 최초의 의도는 떨어져 나간 채 말이다. 디즈니 콘서트 홀과 비슷한 곡면 건축물들은 프랭크 게리와 다른 건축가들에 의해 전 세계 곳곳에 지어졌다. 곡면 건축은 의도된, 지극히 낯선 풍경에서 익숙한 눈요깃거리로 진화했다.

곡면 건축의 성공은 다른 건축가들을 자극했다. 모더니즘 이후 언제나 새로운 것을 창안해야 한다는 강박이 여전했어도, 특히 남을 따라 하는 걸 가장 수치스럽게 생각하는 건축가들이 프랭크 게리의 곡면 건축을 흉내 냈다. 더욱 놀라운 것은 이름이 익히 알려진 세계적인 건축가들이 그랬다는 점이다. 노먼 포스터, 피터 아이젠만, 쿱 힘멜블라우, 자하 하디드까지.

곡면의 포로가 된 건축가
프랭크 게리, 1929-

이제는 세계적인 건축가들 모두 곡면 건축을 구사하지만, 그 원조를 콕 짚자면 프랭크 게리일 것이다. 오랜 시간에 걸친 형태 탐구를 통해 얻어진 그의 곡면은 프랭크 게리를 세계적인 건축가의 반열에 올려놓았다. 하지만 이제 그는 다른 걸 하고 싶어도 하지 못하게 됐다. 그에게 디자인을 부탁하는 모든 건축주들이 그 유명한 곡면 건축만을 원하기 때문이다. 그는 은퇴하기 전까진 곡면의 굴레를 벗어나기 힘들 것이다.

04

동대문에서 만난 곡면 건축

메시가 좋아? 호날두가 좋아?

예전 동대문 운동장 자리에 낯선 풍경이 들어섰다는 얘기를 들었다. 입소문이 자자하다. 요상한 생김새가 주된 얘깃거리다. 건축하는 사람들은 일부러 시간 내서 그 건물을 보러 간다.

　남들 다 본다는 영화도 때를 놓치면 보기 어려워진다. 한번 때를 놓쳐 유행 대열에 끼지 못했다면 서둘러 볼 생각은 접게 되고, 언젠가 기회가 오면 보리라 마음 먹는다. 대화 중에 화제의 영화가 등장하면 영락없이 아직도 안 봤느냐는 핀잔을 듣는다. 그러면 왠지 보기 싫어진다. 어깃장 지르는 심정이라고나 할까.

　동대문에 들어선 이상한 풍경도 마찬가지다. 언젠가 보러 갈 거라 했지만 사람들의 화젯거리가 되고, 아직도 안 가봤냐는 소리를 몇 번 들으니 슬슬 어깃장을 놓고 싶은 마음이 솟는다.

"뭐, 별거 있겠어."

시큰둥하게 응대한다. 별거 아니었으면 좋겠다는 생각도 든다. 이게 무슨 가당치 않은 억하심정이냐 할지 모를 일이다. 그런데 그럴 만한 이유가 다 있다.

동대문 운동장 자리에 들어선 건물은 DDP이고, 설계자는 그 유명한 자하 하디드다. 중동 출신이고, 여자라서 더 이름이 알려졌다. 자하 하디드가 건축계 스타로 떠오를 때 세계 건축 무대에 여성이 매우 드문 시기였다. 성별을 굳이 언급하는 것은 그가 대단하다는 점을 강조하자는 이유뿐이다.

자하 하디드는 홍콩 피크 국제 현상 설계에 당선되면서 혜성처럼 건축계에 등장했다. 그는 홍콩 피크로 1988년 MoMA 전시회에도

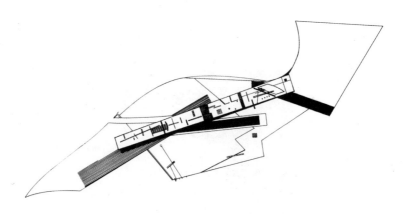

자하 하디드의 이름을 알린 홍콩 피크 안의 일부.

환유의
풍경,
DDP

애초 현상설계 당시 명칭은 '환유의 풍경(Metonymic Landscape)'이었다. 환유(換喩)는 특정 사물을 간접적으로 묘사하는 수사학적 표현으로, 역사적·문화적·도시적·사회적·경제적 요소들을 환유적으로 통합해 하나의 풍경을 창조한다는 의미를 담고 있다. DDP의 모든 외벽 패널은 각각 전혀 다른 모양과 곡률로 하나 하나 가공해 낸 것이다. 자하 하디드 경력을 봐도, 완공작 중 이 정도로 본격적인 비정형 건물은 찾기 어렵다.

자하 하디드이
'환유의 풍경' 현상설계안.

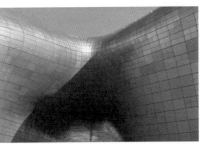

참여한다. 당시 같이 참여한 건축가들의 실적이나 이력과 비교하면 한참 떨어지는 데도 전시회에 참여한다는 것 자체가 의아스러울 정도다. 또한, 홍콩 피크는 설계 공모전 당선작일 뿐, 지어지지도 않은 상태였다. 결국엔 지어지지 못했다.

마르셀 뒤샹(Henri Robert Marcel Duchamp)이 참여했던 1910년 뉴욕 전시회가 떠오른다. 마르셀 뒤샹 하면 새하얀 변기 이미지가 그려질 것이다. 사실 그 외에는 별 작품이 없다. 입체파 화풍 그림 몇 점과 변기 이후 설치 미술로 봐야 할 작품 몇 개가 전부다. 마르셀 뒤샹의 주요 활동은 변기 이후에는 체스였다.

그의 변기가 성공적인 반향을 불러일으킨 후 비슷한 시도가 줄이었다. 느닷없이 나타났다가 반짝하고 사라지는 예술가가 참 많았다. 그들이 추구하는 예술의 속성 자체가 예술가의 운명을 그렇게 규정하는 것일 수도 있다. 변기를 들고 등장한 마르셀 뒤샹이 또 다른 변기를 계속해 내놓는다는 건 상상하기 어려운 일이다.

1936년 뉴욕 MoMA는 특이한 예술 작품 하나를 구입했다. 모피로 감싼 찻잔이다. 작가는 메레 오펜하임(Méret Oppenheim). 그는 이 찻잔 하나로 세계적인 명성을 얻는다.

메레 오펜하임, 〈모피로 된 아침 식사〉.

마르셀 뒤샹의 변기만큼 예술 그 자체의 의미에 대해 그리고 예술작품이 놓이는 사회적 맥락에 대해 고민거리를 던지는 작품이다. 우리는 이럴 때 흔히 '도발적'이라는 표현을 쓴다. 감상자의 마음을 요동치게 하기 때문이다. 어떤 이유와 과정을 거치는지는 그리 중요하지 않다. 중요한 것은 요동 자체다. 마르셀 뒤샹의 변기가 그런 것처럼.

근대 예술의 특징은 작가의 고유한 생각을 말하는 것에 있다. 방법론적으로 작가의 생각이 기존 것과 달라지기 위해 파괴하거나 뒤틀기도 한다. 마르셀 뒤샹의 변기가 대표적이다. 그의 변기는 화장실에서는 절대로 예술 작품이 될 수 없다.

메레 오펜하임도 기존 것을 뒤트는 방법을 택했다. 액체를 담아야 할 찻잔을 모피로 감싸면 더 이상 본래 역할을 하지 못한다. 그런데 모양은 여전히 찻잔이다. 모피로 인해 찻잔이 다른 맥락에 끼면서 보는 사람의 마음을 요동치게 한다.

흔한 수법이다. 건축에도 많다. 피터 아이젠만의 하우스 시리즈 중에서 부엌 한가운데 박힌 기둥이 그렇다. 그의 또 하나의 작품, 웩스너 시각 예술 센터의 밑동 잘린 기둥도 그렇다. 약간의 변형을 통해 기존 역할을 뒤트는 것이다.

혜성처럼 등장한 메레 오펜하임은 유성처럼 사라졌다. 사라진 지약 스무 해가 지난 후 예술가로서 활동을 재개하지만, 순수 조형 작품으로는 모피로 감싼 찻잔 세트가 유일하다.

나는 자하 하디드를 메레 오펜하임과 같은 부류라고 생각하고 있었다. 갑자기 혜성처럼 나타났다가 사라지는 그런 류. 오해였다. 이런 오해가 바로 잡히기 전까지 그의 작품에 대한 나의 평가는 박할수밖에 없었다.

또 다른 이유가 있었다. 모방이다. 자하 하디드를 세계적으로 유명하게 만든 건축 작품은 주로 곡면 건축이다. 하지만 자하 하디드의 시작은 곡면 건축과는 거리가 멀다. 그를 세계 무대로 올려준 홍콩 피크에 곡선은 없다. 초기 작품으로 유명한 '비트라 소방서(vitra fire station)'에도 곡면은 여전히 없다. 찌그러진 직육면체만 보일 뿐이다. 자하 하디드의 곡면은 프랭크 게리의 곡면 건축의 모방이다. 이 부분이 평가를 박하게 하는 데 가장 크게 작용했다.

앞서 말했듯 이미 세계적인 건축가들도 프랭크 게리의 곡면 건축을 모방했다. 노만 포스터, 쿱 힘멜블라우, 심지어 피터 아이젠만도 따라 했다. 그래도 그들의 곡면 건축에 대한 나의 평가는 자하 하디

자하 하디드의 비트라 소방서.
곡면을 찾아보기 힘들다.

드만큼 박하지 않았다. 이 지점에서 여성 건축가에 대한 편견을 떠올리는 독자들이 있을 수도 있겠다. 하지만 그건 절대 아니다. 이유는 다른 데 있다.

결론부터 말하자면 자하 하디드의 곡면 건축이 프랭크 게리의 곡면 건축보다 더 유명해졌기 때문이다. 이런 평가에 반론의 여지가 있지만, 둘의 곡면을 학문적으로 비교 평가하자는 게 아니니 양해를 부탁드린다. 유명하다는 게 문제가 아니다. 내 안목으로는 자하 하디드의 곡면 건축이 더 좋아 보인다는 것이 문제다.

더 좋아 보이면 좋다고 하지 왜 박하게 평가했을까? 이런 의문이 들 수 있다. 답은 간단하다. 원래부터 프랭크 게리의 팬이었는데, 그의 전유물이라고 생각하는 것에서 원조보다 더 잘하는 사람이 나타났다는 게 문제다. 연예계나 스포츠계에서 흔히 있는 일이다. 축구를 예로 들자면, 리오넬 메시가 좋은데 크리스티아누 호날두가 더 잘하면 왠지 마음이 편치 않다. 딱 이 정도다.

둘의 발재간에 서로 다른 강점이 있는 것처럼, 자하 하디드와 프랭크 게리의 곡면 건축에도 상대적인 장점이 있다. 자하 하디드 역시 아무리 곡면 건축을 베껴도 나만의 것을 지녀야 한다고 생각했을 것이다. 이제부터 그에 대해 알아보자.

자하 하디드와 프랭크 게리의 관계

그렇다면 둘의 곡면은 뭐가 다를까. 우선 첫인상부터 살펴보자. 자하 하디드의 곡면은 낯선 풍경이기는 하지만, 그래도 어디선가 본 듯한 느낌이 들지 않는가?

프랭크 게리의 곡면은 예전에 봤던 그 무엇과 비슷하다고 하기 힘들다. 정말 처음 본다. 기하학적 형태와도 무관하다. 원이나 정사각형이나 삼각형 같은 기본 도형의 흔적을 찾아볼 수 없다.

자하 하디드의 곡면 또한 비슷한 것을 예전 사례에서 찾기 힘들다. 하지만 수학 공식으로 표현되는 형태와 매우 근접해 있다. 원이나 구·정사각형·삼각형 같은 것이 아니라 구나 말안장 같은 모습이 보인다. 즉 수학적 공식으로 표현할 수 있는 곡면과 유사하다. 그렇다면 이게 보는 이에게 어떤 인상을 주는가? 바로 예측 가능성이다.

자, 이번에는 눈을 감고 프랭크 게리의 곡면 위를 기어가는 개미가 되었다고 상상하자. 오르막 내리막이 상하좌우로 교차하는 곡면의 출렁임은 우리가 산골짜기에 들어온 듯한 느낌을 준다. 어디 있는지 알기 어렵고, 앞으로 나아간다면 어떤 풍경과 마주할지 전혀 알 수 없다.

이제 자하 하디드의 곡면 위를 기어가는 개미가 되어 보자. 수학적 계산을 좀 할 줄 안다면 자신의 위치를 계산해 낼 수 있고, 저 앞에 어떤 곡면이 전개될 것인지 예측할 수 있다.

예측 가능하다는 건 낯익은 지점을 찾을 수 있다는 얘기다. 움직이면서 전개되는 풍경 변화 속에서도 마찬가지다. 자하 하디드의

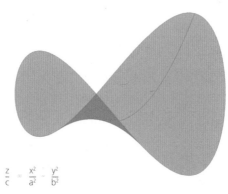

$$\frac{z}{c} = \frac{x^2}{a^2} - \frac{y^2}{b^2}$$

헤이다르 알리예프 센터(Heydar Aliyev Cultural Center).
자하 하디드의 곡면은 이같은 수학 공식으로 포착할 수 있다. 현재의 x·y·z 값을 안다면 공식에
따라 앞으로 펼쳐질 지형을 정확하게 예측할 수 있다.

곡면이나 프랭크 게리의 곡면이나 낯설기는 매한가지다. 하지만 그 정도에는 차이가 있다. 자하 하디드의 곡면은 어딘가 '본 듯한' 낯섦이고, 프랭크 게리의 곡면은 '전적인' 낯섦이다.

DDP로 돌아가 보자. 주변 건물의 형태와 비교해 보면 전혀 다른 건물이다. 주변에 온통 수직으로 긴 직육면체들이 즐비하다. 그 속에 곡면으로 있으니 대조적이면서 눈에 잘 띈다. 낯섦이 강조된다.

사람들은 처음 보는 모양새를 예전에 봤던 닮은 무언가와 비교하는 경향이 있다. 우선 익숙한 것부터 시작한다. 이러쿵저러쿵 하며 이해하고 나면 그다음부터 유별난 특징을 들여다본다.

눈썰미가 있다 해도 프랭크 게리의 곡면 건축 앞에서 비슷한 전례를 찾는 노력은 항상 실패한다. 그러나 자하 하디드의 곡면 건축에서 어느 정도 성공을 거둘 수 있다.

DDP를 동대문 쪽에서 접근하면서 바라보면 우주선같이 생겼다는 느낌을 받는다. 그렇다고 해서 우주선 모양이라고 잘라 말할 수도 없다. 길 건너 두산 타워에 올라가 DDP를 보면 어느새 뱀 모양이 되어 있기에 그렇다. DDP는 관찰자의 위치에 따라 정체가 달라진다. 우주선이 되었다가 뱀도 되었다가. 매번 다른 모습으로 변신한다. 그래도 중요한 것은 '무엇같이 생겼다'라는 생각이 잠깐이라도 든다는 점이다. 그런데 프랭크 게리의 곡면은 이것 자체를 거부한다.

자하 하디드에 대한 최초의 의심(모피로 감싼 찻잔 하나만을 남기고 예술계를 떠난 그와 같을 것이라는)과 프랭크 게리를 향한 팬심 탓에 자하 하디드의 작품을 보는 나의 시선에는 상당한 왜곡이 있었다.

언젠가 짧은 글 하나를 쓸 일이 생겨 그 소재를 DDP로 삼았다. DDP를 보러 가면서 '어떻게 하면 그럴싸하게 야박한 비평을 할 수 있을까'를 구상했다.

"홍콩 피크 당선 소감을 언급하면서 그가 했던 '끝나지 않은 모던 프로젝트'(Unfinished Modern Project)를 물고 늘어져 볼까?"

"그가 초기에 사용했던 찌그러진 직육면체의 원작자는 쿱 힘멜블라우라고 몰아갈까?"

그러나 정작 DDP 앞에 서니 마음이 싹 바뀌었다. 욕하고 싶은데 욕할 수 없는 심정이었다. 다들 이런 상황을 잘 알 것이다. '대략 난감'이다. 부정적인 평가를 긍정적인 평가로 바꾸어야 하는 시점에서 겪는 갈등이다.

나는 그날 낯선 풍경을 포식했다. 포식이라는 말로는 조금 부족하다. 대개 포식의 끝은 배부름인데 DDP 감상은 배불러서 더는 못 먹겠다는 식으로 끝나지 않기에 그렇다. 아주 조금씩 조금씩 끊임없이 이어지는 음식 상차림 같다. 죽지 않기 위해 얘기를 이어가는 '아라비안나이트 천일야화'의 이야기꾼처럼 DDP는 새로운 서사를 끊임없이 들려준다. 우주선도 되었다가 뱀도 되었다 하면서.

DDP를 떠나면서 DDP가 보여준 낯선 풍경은 이미 친숙한 풍경이 되었다. 그 끝에 이어지는 질문은 이것이 과연 우리 도시의 익숙한 풍경으로 자리매김할 것인가다. DDP의 곡면 건축이 지배종이 되려면 비곡면 직육면체와의 싸움에서 이겨야 한다.

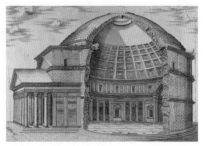

가구식 구조의 고대 거주지 유적인 차탈회위크. 로마 판테온 내부 스케치안.

　일만 년 전 인류가 메소포타미아의 평야 지대로 내려와 집을 짓기 시작했을 때, 직육면체가 처음 나타났다. 흙과 목재를 이용해 내부 공간을 보호하는 외피를 고안했고, 이를 가장 효율적인 방법으로 만들기 시작했다. 덮개를 만들어 지붕이라 불렀으며, 직사각형의 네 모서리에 기둥을 세우고 기둥을 보로 엮어 지붕을 지탱했다. 이를 '가구식 구조'라고 부른다. 가구식 구조의 뼈대는 직육면체다.

　수천 년이 지난 후 인류는 또 하나의 획기적인 구조를 고안했다. 기둥과 보 대신 지붕을 반구(hemisphere) 형태의 일체화된 구조로 만들었다. 돔(dome)이다. 가구식 구조와 비교할 때 돔 구조의 장점은 더 넓은 내부 공간을 만들 수 있다는 점이다. 이후 돔은 직육면체와 더 잘 어울릴 수 있는 방식으로 진화했다. 인류 최고의 구조물로 꼽히는 아야 소피아는 이렇게 탄생했다. 건축 역사가 보여주는 건축물의 외양은 매우 다양하고 화려하지만, 구조적 관점에서 보자면 딱 이 두 가지만 존재했다. 그리고 그 두 가지를 관통하는 뼈대 역시 직육면체다. 인간은 이 두 구조를 매우 당연시하지만 그게 정말 자연스러운 걸까?

지구상에 집 짓고 사는 생물체는 인간만이 아니다. 많은 동물이 집을 짓는다. 새는 둥지를, 개미는 아파트 같은 탑을 짓고 그 안에 산다. 자연에서 보이는 집은 어느 것 하나 직육면체와 닮은 게 없다. 인간을 뺀 모든 생물체의 집은 곡면이다.

생물의 거주 공간이 아니더라도 자연계에서는 인간이 지은 건물처럼 수직과 수평이 직선으로 얽혀있는 직육면체 구조를 찾아볼 수 없다. 물방울도 곡선이고, 식물 잎사귀 하나도 전체적인 형상에서는 타원에 가까운 곡선이다. 동물도 마찬가지다. 동물의 외피도 크게 보면 길쭉하게 늘린 구의 형상이니 이것 역시 곡선이다. 좀 더 작은 스케일에서 보자. 동식물의 최소 구성 단위라 할 수 있는 세포

인류 최고의 구조물로 꼽히는 아야 소피아.

역시 원에 가깝다. 그러니 이것도 곡선이다. 이제 아주 큰 스케일로 살펴보자. 우주를 채우고 있는 별과 행성들은 어떤가. 이들도 모두 구라고 해도 무방하다. 그러니 이것 역시 곡선이다. 직선으로 이루어진 구조물은 인간 세상에서만 발견되는 아주 희귀한 존재다.

자연계의 모든 형상이 곡선이니 인간도 곡선을 살린 건물을 짓고 살아야 한다는 얘기가 아니다. 자연을 만들어 낸 자연의 섭리가 그러하니 자연의 섭리에 맞게 자연의 섭리가 좋아하지 않는 직선의 구조를 버려야 한다는 얘기도 아니다. 단순히 물리적인 현상에 대한 얘기다.

자연이 뭔가를 만든다고 할 때 원래부터 기다란 직선형 부품이 있었다면 자연계에서도 지금의 인간 세상에서 흔히 보는 직육면체 구조물이 탄생했을지도 모르겠다. 하지만 자연에는 없다. 자연은 세포만큼 작은 단위로부터 시작하거나 혹은 광물 조성 입자만큼 작은 단위들이 반복적으로 모여서 이루어진다. 어디에서도 기다란 직선 부재는 찾아볼 수 없다. 작은 것을 모아서 큰 것을 만들자면 역시 직선보다는 곡선이 효과적이다.

지금 인간 세상을 가득 채우고 있는 것은 직육면체 구조물이다. 아주 오래전 인간은 작은 것을 모아 큰 것을 만드는 기술이 없었다. 그러나 다행히도 인간은 주변에서 손쉽게 기다란 직선형 부재를 얻을 수 있었다.

인간이 집을 짓기 시작할 때 주변에서 쉽게 얻을 수 있는 재료는 돌과 나무였다. 이 재료를 써서 공간을 만들 때 가장 효율적인 구조는 직육면체였다. 세월이 흘러 재료가 달라지고 손을 대신하는 도구들이 발달하면서 건축 방법도 자연히 바뀌었다. 이제 인간은 개미탑을 짓는 개미를 흉내 낼 수 있게 되었다. 3D 프린터 덕이다.

3D 프린터를 이용한다면 공간을 일체형 곡면으로 짓는 것이 효율적이다. 개미가 개미탑을 만들듯. 인류가 일만 년 넘게 사용해온 직육면체는 더는 자연스럽다고 평가받지 못할 것이다. 3D 프린터의 등장으로 의심의 대상이 되어 버렸으니.

3D 프린터 사용이 좀 더 일반화된다면, 그 세상에서 가장 자연스러운 형태는 곡면일 것이다. 이런 맥락에서 보자면 DDP는 미래 우리 도시의 지배종이 될 가능성이 높다.

당황스러움과 지루함 사이
자하 하디드, 1950-2016

자하 하디드도 곡면으로 유명한 건축가다. 한때 프랭크 게리 곡면 건축의 아류로 평가절하됐던 그녀가 원전을 뛰어넘는 '곡면의 마술사'로 재탄생했다. 자하 하디드의 이름을 세계에 알린 홍콩 피크에서도, 루이스 바라간의 건물 옆에 도도하게 서 있는 비트라 소방서에서도 곡면은 보이지 않는다. 오히려 울프 프릭스의 찌그러뜨린 박스에 가까운 형상만 보일 뿐이다.

자하 하디드를 보면 다작이 명작으로 가는 길일 수도 있겠다 싶다. 반복적으로 나타난 그녀의 곡면 건축에서, 어느샌가 프랭크 게리의 그늘이 걷히고 자신만의 고유함이 드러나기 시작했다. 프랭크 게리의 곡면이 보는 이를 당황스럽게 할 정도로 복잡하고 예측 불가능하다면, 그녀의 곡면에는 희미한 규칙을 엿볼 수 있다. 너무나 뻔해서 지루함이 묻어나는, 그런 규칙은 아니다. 조금 당황스러울 때도 있지만, 길을 잃지는 않을 거라는 안도감을 준다. 이를테면, 시각적 쾌감이다. 이것이 자하 하디드 곡면의 매력이다.

부의 집중, 건축을 뒤흔들다

지금까지 먼 길을 왔다. 시간으로 보자면 그리 길지 않다. 불과 삼
백 년 남짓. 그새 건축에는 많은 변화가 일어났다. 그래서 먼 길이
되었다. 변화의 풍부함으로 따지자면 이전 건축사의 이천 년 분량
은 족히 될 것이다. 사회·경제적 변화도 많았고, 기술 발전도 따랐
다. 건축 형태와 공간 구조에 가장 큰 영향을 미치는 두 요인에서
많은 변화가 있었으니 건축이 춤추듯 변한 것은 말할 필요도 없다.

혁명주의 건축에서 시작해서, 절충주의 시대를 들여다봤다. 아돌
프 로스에서 근대 건축의 맹아를 찾아봤고, 국제주의 건축 양식에
서 근대 건축이 활짝 개화하는 것까지 돌아봤다. 포스트모더니즘과
해체주의도 살폈다.

사람들은 대개 조금은 낯선 것에 관심을 보이고, 그 낯섦의 이유
를 알게 되면서 재미를 느낀다. 장식은 죄악이라는 아돌프 로스의
얘기를 아무런 사전 지식 없이 들으면 그만큼 뜬금없는 얘기도 없
다. 그의 주장대로 장식을 배제하고 지은 로스 하우스를 장식이 풍
부한 주변 건물의 맥락에서 보면 분명히 그렇다.

아돌프 로스의 선택이 한정된 공간 자원을 더 많은 사람이 나누
어 가지기 위해 불가피한 결정이었다는 걸 알게 되면, 이 지점에서
우리는 반전을 경험한다. 반전이 주는 재미는 물론, 공공이익을 앞
세운다는 점에서 선의를 발견하고, 그 지점에서 모더니즘 철학에
고개를 끄덕이고, 그 순간 새로운 아름다움을 발견한다.

마이클 그레이브스의 황당한 건축 형태를 앞에 두고는 머리를 갸웃거릴 수밖에 없을 것이다. 로버트 벤츄리의 건축 앞에서는 그것이 왜 음미할 가치가 있는 것인지 의문점만 떠오른다. 처음에 묘한 낯섦으로 다가오는 이들의 건축을 이해하자면 늘 새로운 것을 찾아 시작하는 모더니즘의 미학을 알아야 했다.

피터 아이젠만의 직육면체 삐뚤빼뚤 쌓기, 쿱 힘멜블라우의 찌그러진 직육면체, 그리고 프랭크 게리의 뭔지 모를 곡면을 보는 그대로 이해하고 그 아름다움을 감상할 수 있는 사람은 없을 것이다. 장황한 설명이 뒤따르는 건물들이다. 설명이 그만큼 어려운 것은 모더니즘 '미학'에서 모더니즘 '철학'이 붕괴하는 현장을 포착해야 하기 때문이다.

1750년대부터 시작한 건축적 모더니즘 철학의 탄생과 모더니즘 미학의 만개, 이어지는 모더니즘 철학의 붕괴를 겹쳐봐야 각 시기의 건축을 이해하고 음미할 수 있다. 물론 시대 구분 없이 각각의 건물을 경험하고 감상하는 것으로도 충분히 의의가 있다.

그러나 다른 욕심이 생긴다. 낯선 풍경이 역사 전개 과정에서 어떤 흐름으로 이어졌는지 찾고 싶다. 복잡하고 파편화된 사실과 진리를 꿰맞춰 하나의 패턴을 구하는 것은 인간의 본질적 성향 아니겠는가?

유발 하라리(Yuval Noah Harari)는 인류 역사를 저만의 시각으로 보더니 '농업혁명은 사기'라는 아주 자극적인 주장으로 이름을 알렸다. 그의 저작 『사피엔스(Sapiens)』 집필에 지대한 영향을 끼친 『총, 균, 쇠(Guns, Germs, and Steel)』의 저자 재레드 다이아몬드(Jared Mason Diamond)는 인류 역사를 총과 균과 쇠의 흐름으로 풀어내 반향을 일으켰다. 21세기 마르크스를 꿈꾸는 토마 피케티는 '부의 집중'을 키워드로, 마르크스 이후 경제사에 의외의 참신한 해석을 드러냈다.

혁명주의부터 지금의 현대 건축에 이르는, 풍부한 사회문화사적 내용을 잘 꿰는 것도 재밌는 일이다. 우선 우리가 왜, 여기에, 이런 도시에서 살고 있는지 알 수 있다. 한 발 더 나아가 앞으로 어떤 도시에서 살게 될지도 가늠해 볼 수 있다. 역사를 이리저리 꿰어 볼 수 있다. 어떻게 꿰느냐에 따라 다른 흐름이 포착된다. 이해 정도에 따라 현재 내가 있는, 혹은 미래의 내 위치가 달라진다는 얘기다.

앞서 얘기했던 것들을 정리하는 의미에서 혁명주의 건축부터 지금의 현대 건축까지, 하나의 흐름으로 꿰어보자. 그러려면 먼저 양적이든 질적이든 관찰한 내용 중 일정한 경향성을 띠고 변화하는 것을 포착해야 한다. 공식은 없다. 유일하게 필요한 건 상상력이다. 하지만 상상력에만 기대어 길을 찾으려 해선 안 된다. 연역적 접근법이 약간의 유용한 도움을 줄 것이다. 시간이 흐르면서 나타나는

변화는, 변화량의 크기를 기준으로 셋으로 나눠볼 수 있다.

1) 늘어난다, 또는 줄어든다.
2) 불규칙적이다.
3) 늘었다 줄었다 한다.

현대 건축사를 하나의 흐름으로 꿰자면 어떤 내용물의 변화량이
여기에 해당하는지 파악해 보는 것으로 시작할 수 있다.

우선 1번. 무언가 꾸준히 늘거나 반대로 줄어든 게 있는가? 있다.
건축물에 적용되는 기술의 양이다. 유리와 강철이라는 새로운 재료
가 도입됐고, 근래에는 홈 오토메이션 같은 전자 기술이 더해졌다.
분명 줄어든 것도 있을 터. 주거 생활을 영위하는 데 들어가는 인간

의 노동이 줄어들었다. 여기서 말하는 노동은 집의 작동과 유지 관리에 필요한 것만이 아니다. 집 안에서의 생활을 위해 이동해야 하는 거리도 줄었다. 흔히 얘기하는 동선의 효율성을 최고의 가치로 꼽다 보니 그리 됐다.

'동선의 효율성'이라는 것은 하나의 흐름으로 꿰기 위한 좋은 틀이다. 혁명주의 건축에서 현대 건축에 이르기까지 동선이 점점 짧아졌다는 점을 포착할 수 있다.

동선이든 무엇이든 하나의 틀을 통하면 이전에는 보이지 않던 것들이 눈에 들어오기 시작한다. 독자들께도 권해보고 싶다. 건축사를 쭉 다시 훑어보되 하나의 일정한 틀을 가지고 살펴보면 자신만의 발견이 가능해진다.

이번에는 2번 시각에서 살펴보자. '불규칙적이다'라는 건 늘다가 줄기도, 줄다가 더 줄기도 해서 좀처럼 갈피를 못 잡는다는 말이다. 일정한 경향성이 없다는 건데, 관심을 둘 까닭이 있을까? 그러나 일정한 경향성이 없다는 걸 증명할 수만 있다면 특정 패턴을 찾으려는 행위가 쓸모없다는 걸 알 수 있으니, 나름의 수확이 있다. 때에 따라 경향성을 찾으려는 수고로움을 덜 수도 있을 터.

3번 시각을 살펴보자. 줄었다 늘었다 하는 건 일정한 경향이 있을 가능성을 의미한다. 우리가 이런 현상을 부르는 용어가 있다. '주기적 반복'이다. 대표적인 예는 사인(sin) 커브다. 어떤 특징이 증감을 되풀이한다. 자, 이제부터 세 번째 시각에서 18세기 후반 혁명주의 건축 이후의 건축사를 살펴보자.

건축의 역사적 전개를 합리주의와 낭만주의, 두 이념의 충돌로 설명한 이론가가 있다. 레스니코프스키(Wojciech Grzegorz Leśnikowski)다. 그는 서양 건축사 흐름을 파악하는 틀로 합리주의와 낭만주의를 이용했다. 어느 시기에는 합리주의가 대세를 이루다가 시간이 지나면 낭만주의가 성하고, 다시 낭만주의가 쇠퇴하면서 합리주의 경향이 일어난다고 했다. 예를 들면 고딕 건축은 낭만주의의 강력한 발현이고, 이어 등장한 르네상스 스타일은 합리주의가 작용했다는 것이다.

합리주의와 낭만주의라는 두 축을 기준으로 한 분석은, 인간의 마음을 이성과 감성으로 구분하는 것과 맥을 같이 한다. 인간의 마음은 때로는 둘 중 하나가 지배적이 되곤 한다. 감성이 지배적이라는 의미는 결국 이성의 역할이 축소된다는 뜻이다. 레스니코프스키의 분석 틀을 더 간결하게 정리하면, 결국 이성의 비율이 기준 잣대다. 이성의 증감 반복과 비슷한 현상을 건축 역사에 찾아보자. 지금부터가 본격적인 얘기의 시작이다.

장식이 눈에 띈다. 장식은 많았다가 줄었다가 또 많아지고 줄어든다. 왜 그런지는 나중에 생각하자. 우선 장식의 양이 사인 커브처럼 늘고 줄고 하는 방식으로 주기적 반복이라는 일관성을 보이면서 변화한다는 점에 집중하자.

혁명주의 건축 시기에 장식이 사라졌다. 뉴턴 기념관과 영란은행, 소금공장 노동자 주택에서 장식이 사라졌다. 1750년 즈음의 일이다. 그 뒤를 절충주의가 이었다. 장식이 늘어났다. 칼 프레드릭 싱켈(Karl Friedrich Schinkel)의 알테스 무제움을 보면 분명하게 알 수 있다.

19세기 말 아돌프 로스가 나타났다. 장식이 줄었다. 이런 경향은 국제주의 양식에서 최고조에 달한다. 1960년대가 되면 슬슬 장식이 재등장한다. 건축가들은 장식처럼 안 보이는 장식을 하면서 사람들이 장식인 줄 모른다고 생각한다. 1980년이 지나면서 이 경향이 노골적으로 드러난다.

이제 재료는 준비됐다. 장식의 증감이 주기적으로 반복하는 것을 확인했으니 하나의 흐름으로 꿰어 보자. 레스니코프스키가 이성이 차지하는 비중에 따라 건물이 낭만적이기도, 합리적이기도 하다고 한 것처럼 장식의 증감을 좌우하는 무엇을 찾으면 된다.

아돌프 로스의 건축에서 장식이 줄어든 까닭은 장식에 쓸 비용으로 더 많은 사람에게 집을 제공하는 게 좋다고 판단했기 때문이다.

한편 혁명주의 시대에 장식이 감소한 이유는 아돌프 로스의 그것과는 상관없다. 그 시대에 사회적 주도 계층으로 부상하던 부르주아의 고유한 미학이 필요했을 뿐이다. 하나의 흐름으로 엮을 만한 공통점이 없다. 다른 요인을 찾아야 한다.

혁명주의 건축 시기에 부르주아가 사회 주도층으로 떠오르고 있었다. 여기에 초점을 맞춰 볼 수도 있다. 누가 사회 주도 계층이냐에 따라 장식의 증감에 결정적 영향을 미칠 수 있을 것 같다.

그러나 사회 주도 계층의 차이가 장식의 증감으로 이어지지는 않는다. 장식을 거부한 아돌프 로스 시대에도, 장식이 많아지는 1980년대 이후에도 사회의 주도적 세력은 부르주아였다. 누가 사회 주도 계층이냐에 따라 장식 증감이 좌우된다는 가설을 버릴 수밖에 없다.

이번에는 사회 주도 계층과 일반 계층의 관계에 주목해 보자. 프랑스 대혁명 이전이라면 귀족과 평민의 관계이겠고, 이후 크게 나누어 보면 부자와 부자가 아닌 계층의 관계다. 혁명 이전 평민 구성은 단순하지 않았다. 거기에는 부르주아도 있었고, 나중에 가서야 '프롤레타리아'라는 이름을 얻게 되는 부르주아가 아닌 자들도 있었다. 프랑스 대혁명 이후도 단순 구분이 어렵다.

계층 구분의 변천사를 슬쩍 살펴보자. 부르주아와 부르주아가 아닌 집단에서 부르주아와 프롤레타리아로 진화하고, 20세기 중반 이후 부르주아 대신 부자라는 표현을 사용하면서 이때부터 부자와 부자가 아닌 집단이 되었다. 특정 계층의 명칭에서 복잡한 변화가 있었지만, 요약하면 사회 주도 계층은 귀족에서 부르주아가 되었고 그 부르주아의 이름이 부자로 변한 것이다.

1700년대 후반은 귀족을 대신해 부르주아가 사회 주도 계층으로 올라서는 시기였다. 부르주아는 귀족과의 싸움에서 승리하기 위해 귀족이 아닌 세력과의 연합이 절실히 필요했다. 부르주아는 평민들과 좋은 관계를 유지했다. 이때는 혁명주의 건축이 유행했고 장식이 감소했다.

절충주의 시대에 들어서자 부르주아는 부르주아 계층에 속하지 않는 일반 시민과의 연합에 그다지 신경 쓰지 않게 된다. 귀족이라는 공동의 적은 이미 타도됐고 그 자리를 부르주아가 차지하게 된 마당에 일반 시민과의 연합이 필요치 않기 때문이다. 부르주아는 눈치를 볼 필요가 없어졌다. 이때는 절충주의의 시대였고 장식은 증가했다.

두 차례 세계대전을 거치면서 상황이 달라졌다. 부자들은 자신들 마음대로 세계를 쥐락펴락해서는 안 된다는 걸 깨달았다. 세계대전이 알려준 교훈이다. 극단적인 부의 추구와 그것을 허용하는 사회는 같은 비극을 되풀이하게 될 것이라는 교훈. 이때는 국제주의 양식의 시대였고 장식은 줄어들었다.

1960년쯤 되면 값비싼 대가를 치르고 배운 교훈을 잊기 시작한다. 세계대전을 직접 경험한 세대가 아닌 후대가 사회의 주력으로 떠오르면서다. 이 세대는 부자와 부자가 아닌 자를 구분하는 경계를 분명하게 긋는다. 세계대전 이후 부자가 극단적인 부만 추구하는 걸 잠시 멈춘 듯했지만, 1980년대 이후 부자는 더 부를 늘리는 데 집중했다. 신자유주의를 염두에 둔 말이다. 이때의 건축은 포스트모더니즘과 해체주의로 대표된다. 장식 아닌 듯 보이지만 일반적인 장식보다 더 비싼 장식으로 치장하는 건축이 나타났다.

부를 과시용으로 쓰는가 혹은 부를 사회적 공존을 고려하면서 사용하는가에 따라 장식이 늘기도 줄기도 한다. 부를 과시하는 경향은 부의 집중이 심화하는 시기에 나타난다. 반면 부의 집중이 약해진 시기에는 다른 계층을 배려한다. 이때 부의 과시를 자제하는 경향도 함께 보인다. 이런 경향을 좀 더 노골적으로 표현해 보자.

부자가 잘나갈 때, 즉 부가 집중될 때는 거칠 것이 없다. 부자가 잘 못 나갈 때, 즉 부의 집중이 덜해질 때는 조심스러워진다. 부르주아가 주도적 계층인 게 중요하지 않다. 주도적 계층으로서 지위가 확고하냐 아니냐가 중요하다. 결국, 장식의 증감은 주도적 계층이 지닌 신분적 지위의 확고함과 밀접하다는 결론이 나온다.

101페이지의 그림은 토마 피케티의 저서에서 따온 '부의 집중' 그래프다. 그래프는 특이한 구간 셋을 보여준다. 벨 에포크 시대, 두 차례의 세계대전 기간 그리고 신자유주의다.

벨 에포크를 거치며 부의 집중은 최고조에 이른다. 이 시기 부르주아는 구체제의 귀족만큼이나 화려한 문화를 누린다.

제1차 세계대전을 기점으로 부의 집중이 흔들리기 시작하더니 제2차 세계대전을 겪으면서 더욱 완화된다. 이 기간 부의 불균형은 유별날 정도의 심각성을 띠지 않았다.

재밌는 사례가 있다. 이때 청소년기를 지낸 대표적인 인물로 미국 제42대 대통령 빌 클린턴(Bill Clinton)과 제43대 대통령 조지 부시(George W. Bush)가 있다. 클린턴 일가는 평범한 중산층이었고 부시 가문은 알다시피 꽤 부자였다. 하지만 이들의 삶의 방식에 큰 차이는 없었다. 부자와 부자가 아닌 자의 문화가 따로 있지 않았다.

1980년대 미국 레이건 행정부, 영국의 대처 정부 이후 신자유주의가 등장하면서 부의 집중 그래프는 다시 가파른 상승세를 타기 시작했다. 부자와 부자가 아닌 사람들이 향유하는 문화가 조금씩 달라졌다.

타임머신을 타고 이 그래프를 과거로 확장해 보자. 벨 에포크 이전 모든 부는 왕과 귀족의 손아귀에 있었다. 프랑스 대혁명을 계기로 왕과 귀족의 부는 감소하고, 부르주아의 부는 증가했다. 프랑스

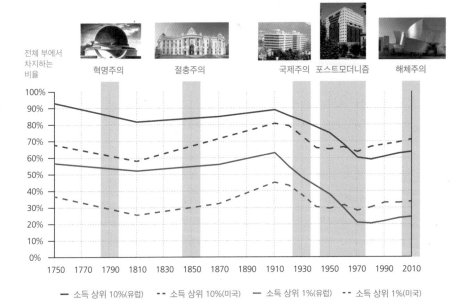

전체 부에서
차지하는
비율

혁명주의　　　절충주의　　　　국제주의　포스트모더니즘　　해체주의

— 소득 상위 10%(유럽)　- - 소득 상위 10%(미국)　— 소득 상위 1%(유럽)　- - 소득 상위 1%(미국)

건축의 변화와 부의 집중.
1750년부터 현재까지 부의 집중이 '감소-증가-감소-증가'를 반복하는 경향을 보여 준다.

출처 : 『Capital in the Twenty-First Century』

대혁명 동안 부의 집중은 약화되는 양상이었다. 1750년에서 1800
년 사이의 일이다. 1800년 이후 부르주아의 부의 크기가 상대적으
로 더 커지기 시작했고, 벨 에포크 시기에 정점에 이르렀다.

이제 이 그래프에 건축 양식의 변화를 겹쳐보자.

프랑스 대혁명기 – 혁명주의 – 장식 감소
벨 에포크 – 절충주의 – 장식 증가

양차대전 기간 - 국제주의 - 장식 감소
신자유주의 - 포스트모더니즘·해체주의 - 장식 증가

이 같은 짝을 이룬다.

1750년대 혁명주의 건축 이후 건물의 형태적 특징은 '부의 집중' 현상과 궤를 같이한다. 부의 집중이 심화하는 시기에는 장식은 증가하고, 부의 집중이 약화하는 시기에는 장식은 감소한다. 1980년대 신자유주의의 등장 이후 부는 다시 집중되기 시작했고, 그와 보조를 맞추는 듯이 건축에서는 장식적 경향이 눈에 띄게 늘었다. 물론 과거 역사주의 양식에서 보이던 방식의 장식 증가는 쉽게 찾아보기 어렵다. 하지만 뼈를 갈아 넣는 열정으로 표현되는, 건축가들의 디테일에 대한 집착은 실상 장식 때문이었다. 르 코르뷔지에의 기본 형상을 넘어서는 새로운 형태의 추구 또한 장식 아닌 척하는 장식이었다.

1750년대 이후 건축 장식의 역사를 하나의 흐름으로 꿰어 보니 지금 우리가 어디쯤 와 있는지 알게 된다. 우리는 지금 장식 아닌 척하면서 과한 장식을 추구하는 시점에 와 있다. 건축의 미래, 특히 장식성과 관련해서 미래를 묻는다면 부의 집중이 어떻게 진행될 것인가를 먼저 물어야 할 것이다.

세이렌들이 부의 지휘 아래
끝나지 않을 노래를 부르고 있다.
현대 건축은 세이렌들의 노래에 맞춰
기꺼이 춤을 춘다.

글을 마치며
이상현

이미지 출처

1. 본문에 사용된 그래프는 출판사와 저자가 논의해 제작했다.
2. 책 표지 이미지, 영화 장면은 따로 저작권을 명시하지 않았다.

이미지 출처

이미지 출처

영감은 어디서 싹트고
도시에 어떻게 스며들었나

건축, 300년

1판 1쇄 발행 | 2023년 2월 25일
1판 2쇄 발행 | 2023년 7월 10일

지은이 이상현

펴낸이 송영만
디자인 자문 최웅림
편집위원 송승호
책임편집 송형근
디자인 조희연

펴낸곳 효형출판
출판등록 1994년 9월 16일 제406-2003-031호
주소 10881 경기도 파주시 회동길 125-11(파주출판도시)
전자우편 editor@hyohyung.co.kr
홈페이지 www.hyohyung.co.kr
전화 031 955 7600

© 이상현, 2023
ISBN 978-89-5872-211-3 03540

값 22,000원